走向零能耗

From A to ZED

(英) Bill Dunster 著
史岚岚　郑晓燕
TopEnergy 译
陈　硕 审校

中国建筑工业出版社

图书在版编目(CIP)数据

走向零能耗/(英)Bill Dunster著；史岚岚等译.—北京：中国建筑工业出版社，2006

ISBN 978-7-112-08213-1

Ⅰ.走… Ⅱ.①D…②史… Ⅲ.建筑工程－无污染技术 Ⅳ.TU－023

中国版本图书馆CIP数据核字(2006)第022409号

本书是第一部公开出版的，通过更多智能开发应对全球变暖的工具宝典。本书英文版出版后受到关注绿色建筑实践的英国政府可持续工作者的支持，书中详尽地说明了普通的住宅方案所需的内容来取代可持续性，以便获得与绿色设计方案所带来的相同剩余土地价值。

书中介绍的计划体系的实施，能够将交通、能源与水消耗急剧增长对当地环境带来的负面影响降到最低。

本书可供建筑设计、环境工程、设备工程方向的设计与研究人员、高校相关专业师生、政府科技与环保相关部门工作人员等学习参考。

责任编辑：陈　桦
责任校对：陈晶晶　关　健

走向零能耗

From A to ZED

(英)Bill Dunster　著
史岚岚　郑晓燕　TopEnergy　译
陈　硕　审校

*

中国建筑工业出版社出版、发行(北京西郊百万庄)
各地新华书店、建筑书店经销
北京广厦京港图文有限公司制作
北京方嘉彩色印刷有限责任公司印刷

*

开本：880×1230毫米　1/16　印张：11 1/2　字数：368千字
2008年11月第一版　　2008年11月第一次印刷
印数：1—2500册　定价：98.00元
ISBN 978-7-112-08213-1
(14167)

序

世界上有很多致力于节能环保的仁人志士，但这当中专注于零能耗建筑的并不多，在这并不多的人群当中能够有所成就、让人耳目一新的就更少了，比尔·邓斯特就是这为数不多的人当中的一个。他不仅仅在英国，而且在其他地方也大力推广他的零能耗建筑理论，而且取得了很多的成果。我也是在这个世纪初听说比尔·邓斯特和他的公司（ZEDfactory公司）的一些事迹，他在中国做了很多关于零能耗建筑的推广工作，通过他在中国的影响我才接触到他、了解到他、感受到他，然后亲自到英国去拜访他。三年前，我专门到他的“BedZED村”看了一下，他一个人能够将很多新的理念推出实用起来，工作从无到有，从小到大真是不简单。他是一个能把自己的理想付诸实践、同时又能影响他人的一个人。

这本书，凝聚了他多年的心血和梦想，非常值得一读。这里不仅仅在技术方面有很多可行的东西，很多探索的实践，还包含了整个人类是怎样实现自己的梦想，应对现代能源危机的。

作为他的同路人，拥有共同梦想的同路人，我们也在做同样的工作，从他那里我们也受到很多精神上的鼓舞。虽然彼此之间远隔千山万水，公司各方面情况都不太一样，但我们的心灵是相通的。

相信在这个世界上，这种节能环保的新型建筑必将成为主流，成为时尚，正如汽车替代马车 样，正如工业革命、科技革命一样，代代更替，是不可逆转的。这当中必须有人为它做努力，必须有人为它做先驱，相信这种节能概念才是整个人类的前途。

皇明太阳能集团有限公司董事长　　黄鸣

序

大卫·伯柯贝克(David Birkbeck)(住宅设计，首席执行官)

零能耗简直太棒了！但是造这种建筑要花多少钱呢？

当新技术应用于英国住宅的一个普通单体设计时，创新只能使其成为试验品或示范性工程。我们需要通过量的扩大以降低最佳新方案的成本，使其在各种情况下都能够负担得起。但是，量将从何而来？

政府的可持续社区计划预期通过住宅总量的增长来缓解经济发展地区的房价飙升。未来十年将比原计划多交付20万套住宅。希望通过这个计划以及原有的开发方案的实施，能够将交通、能源与水消耗急剧增长对当地环境带来的负面影响降至最低。十年之后，也就是2010年后，如果增长率维持不变，城镇（比如英国密尔顿·凯恩斯Milton Keynes）的住宅总量将翻番。

在这项计划每年将建的18万多套住宅中，就算只选1000套来应用零能耗技术，就能带来强烈的震撼，通过加入供应链，大幅度降低零能耗规格产品的复制成本，增加的费用仅为建筑规范最低标准的15%。而这一切所需要就是，十几个地方政府部门分别扶持一个本地的零能耗开发，英国也将因此在鼓励社会力量参与可再生能源开发方面处于欧洲领先地位。

同时，这本导则把欧洲可持续发展的标准以直观的目录形式展示给地方政府部门或可持续开发商。它演示如何计算必需的计划利润值，以填补因零能耗方案而增加的成本与标准化住宅之间的差价。

假设有地方政府愿意通过扶持环保开发的形式向公众展示对于可持续发展的承诺，并且假设《21世纪议程》中的许多条款也正在执行——那么这本指南详尽地说明了一个标准住宅方案能提供的各个方面，而不是像可持续发展计划一样，仅仅说明与绿色计划相比带来多少剩余土地价值。

本书在英国出版几周后受到英国政府负责绿色建筑实践的可持续发展工作组的关注。通过本指南所建议的方法，特别工作组自身能够节省大量精力。这也是第一部公开出版的、通过更多智慧性开发应对全球变暖的工具宝典，而并非夸夸其谈。

自序

抵制变革的常见托辞

假如请规划师、议员、开发商、经济适用房协会的代表、建筑师、承包商、建筑产品制造商和政府官员坐在一块儿，讨论他们的新建项目是否采用零能耗开发标准。你可能会听到如下答复：

1. 开发商可能会说：绿色规范太严格，导致施工成本增加，再加上昂贵的土地成本更是不堪重负，特别是英国东南部地区。另外，潜在客户的市场需求趋向保守，不愿意购买或租用可能给他们的长期投资带来风险的任何革新。

2. 经济适用房协会的人可能大诉苦水，他们要同私营资本竞价买地，土地成本已经不菲，现在建造成本的增加使他们很难像以前那样提供经济适用房。

3. 建筑师可能会认为，客户不会希望新建项目采用零能耗开发，因此他所能做的就是按照现有行业标准进行设计，而且没有人会掏钱弥补因创新所额外花费的设计时间。

4. 规划师则可能会说这种审美与当地文脉不符，不可能通过审批。即使是在规则上诉过程中对零能耗的规划纲要加以辩护，他也会感到不高兴，特别是当基地不归地方政府所有的情况下。

5. 地方规划委员会的议员可能会抱怨：他(她)从未听说过什么可持续开发，这些中央政府各项政策中体现的绿色观念简直就是不了解地方状况。

6. 承包商将一脸茫然，他以前从未做过类似的项目，寻购所有特殊的产品看上去难度很大，倘若客户坚持固定总价合同，他将承担赔钱的风险。

7. 产品制造商可能会指出，公司已经对所有产品达到高端的环保指标进行了严密评估，但是，除非建造规范明确这些要求，否则他们无法负担加工及研发成本。

8. 政府官员原则上支持零能耗开发，但是会提到那些实力强大的工业团体反对政府调高环境标准，并且目前缺少环保革新的积极性和支持力量。这些使得在提高能效和整合可再生能源技术方面引入立法非常困难。

本书将把所有托辞一一化解。通过对零能耗开发原则的解释，并提供“零能耗开发工具箱”，这一工具箱包含的“工具”，包括以往零能耗开发的方法和实例分析。原则和工具箱 结合在一起，将使实现零能耗开发和其他常规方案一样简单。

上图　哈罗镇(Harrow)零能耗开发规划——运用了全部零能耗开发方法的综合高密度设计方案。

上图　哈罗镇(Harrow)零能耗开发规划鸟瞰图，通过建筑类型的组合可以达到多高的密度。

零能耗开发方法简介

上文提到用于化解托辞的零能耗开发方法一直在随着环境质量不断提高不断地更新并越来越有说服力和可行性。

A 随着越来越多的项目关注这个领域，从BedZED这类方案中吸取经验及住户的反馈意见，设计的环境质量不断提高；

B 重视零能耗开发的设计策划，使之既能降低施工成本又不损失任何附加特性和环保性能；

C 与大型连锁建筑商合作，将建造成本保持在一定范围的标准住宅单元，从而降低客户和承包商的经济风险；

D 与供应商谈判批量采购的折扣，以减少因零能耗开发的高标准而增加的额外成本。而标准住宅类型的应用，则使之从昂贵的单一订造模式发展为以大量生产为基础的建筑工业化模式。

E 利用收益公开的会计项目形式使用开发评估软件。项目的合作伙伴可以由此评估因以下因素带来的影响：

选择不同的基本方案
供应商价格变化
调整性能规格
选择不同的产品
密度变化
在完全审计基础上得出的，由于对环境危害的降低而产生的规划效益

F 与地方政府商定规划纲要，对于因零能耗标准给开发商增加的成本，在下一个新建项目中，允许增加开发密度加以补偿，对于已进行零能耗开发的开发商，则许以更高的密度作为回报。

G 设计一系列的标准住宅类型，增加密度的同时维持或改善原有舒适度：

总体密度为50～80户/hm²
平均每户0.5个停车位
每户一个私家花园，同时拥有良好的公共空间

H 开发评估中包括所有对低环境影响的生活方式和工作方式支持的设施，比如：

由汽车出租公司运营的汽车共享计划
销售本地食品的农场商店
对热电联产设备（CHP）的碎木条供应
废纸回收服务

I 通过证明可持续项目在市场上实现更高售价建立新型行业标准表明零能耗开发的住宅比传统形式住宅更有优势。零能耗开发住宅目前高于任何英国环保标准(比如建造规范和SDS)；

J 追踪最先进的低能耗技术，使零能耗开发始终利用最新的节能产品。

实施摘要

上图 伦敦南部的BedZED开发项目并不是一个结论，而是正在进行的21世纪整体发展战略的开始。

由贝丁顿零能耗开发方案（BedZED）为原型加以批量生产将成为实现首相府及建设部——可持续发展计划的最可行方法。

这里所提及的解决方案，可以通过组合零能耗标准房屋原型和运用“零能耗开发工具箱”来实现，在本书中，它包括一系列零能耗产品、零能耗开发评估系统和导则。

请设想：

- 经过十多年的研究和发展，将细化经济适用房的设计，并保证不断地改进和提升。
- 消除燃料短缺的潜在压力——通过将对环境低影响的绿色生活方式推广鼓励结合到房屋设计和地产开发中去，同时准确地知道建造的费用和使之运行的资源。
- 确保住宅在整个使用期内满足使用，因为设计预先考虑了严酷的气候变化，为新的世纪里生活方式的不确定提供了良好的适应性。

我们未来生活质量的保障

在英国，消费量和期望值正在增加，人们对更高的生活质量的追求也在增加。可按现有的住宅设计，消耗量的增加意味着CO_2排放量的增长——除非我们找到一种新的方法来建造住宅，事实上我们无论如何必须去找，因为：

- 最近的能源白皮书预测北英国海域天然气将在5年内耗尽，北英国海域的石油也将在10年内耗尽；
- 即使对于大型风力发电最乐观的倡议者也承认，这项技术只能尽量满足国家电力需求的35%～50%；
- 强劲的住宅需求已经超出了开发者的供应能力；
- 经济型住宅正在以30年为周期更新；
- 英国需要从世界各地进口大约75%的食物和相近比例的能源；
- 历史建筑和基础设施很难改造得更为环保和节能，因此我们能做的就是在其中使用数量有限的可再生能源电力；
- 炎热的夏季促使开发商和住户考虑在住宅和办公场所安装空调，这将在未来增加碳的排放。

幸运的是，零能耗开发计划提供了一种新的建造方法来避免这些情形，它使用了被动式建筑设计策略如遮阳、重密度蓄热结构和良好的自然通风。这一方法的关键是通过对我们的生活方式和城市建筑的反思和改进，降低热力、电力和交通能耗的需求，直至英国本土的可再生能源能够无限制地满足我们基础设施的运行。Peabody信托公司的贝丁顿项目的高密度和城市化发展已经说明它的建筑构造和设计减小了能量需求，其能耗仅为1995年住宅建造规范的12%，2002年的27%。

改变主流的住宅建筑

贝丁顿零能耗开发（BedZED）是一个示范性工程。该项目证明，被动式节能设计十分有效，它将舒适性引入到住宅建筑中，进而整合到整个方案，有助于从整体上提升个体和社区的生活品质。为了像贝丁顿一样更好地利

上图 零能耗工作室的目的是创建一条供应链，使选用回收和再生产品如同指定任何现货供应清单那么容易。

用技术革新，我们必须找到能够推敲设计和评价工程的方法，使其应用于主流的经济实用型住宅——贝丁顿项目下一代的零能耗开发成果。

就目前而言，零能耗开发的技术条件是非常昂贵的，因为它远远超出了建造规范的标准。然而，贝丁顿项目中创造的新技术经过提炼成为了一系列的零能耗标准住宅形式。正如开发者所了解的，使用标准的住宅形式可以节省设计费用，降低批量建造风险，得到更为可靠的建筑质量。通过使用非现场的制造技术生产低能耗开发产品的零件，建造变得简单和快速。对于远期而言，通过采纳零能耗的技术标准，大批量的住宅可以形成规模经济，从而降低零能耗开发供应链成本，使之能与现有的大批量的住宅设计相竞争。

同时，比尔·邓斯特建筑事务所的零能耗工作室(BDa ZEDfactory)开发出一个开放式项目登记评估系统，使地方政府明确如何补偿开发商因采用零能耗开发技术标准而增加的造价有据可依。它采用一种电子价格数据库的形式，综合开发密度和开发造价，同时保证一定的行业标准开发利润。对于当地政府来说，它提供了对于类似实施新的零能耗开发项目的审计基础，同时，它也反映了为当地新建项目带来的竞争性。

零能耗开发项目给住宅协会提供了联合的建造可持续发展社区的方法，并且有以下优点：

下图 建筑密度的增加与每个住宅良好的舒适性相结合。

- 它是一种对环境无害的设计，是零碳的，即碳排放量没有净增加；
- 在规划设计限制在3～4层的地区，零能耗开发的住宅类型密度通常显著地高于常规的开发项目，而且零能耗开发的标准住宅类型给几乎每家提供了自己的花园，增加了住宅的舒适性。
- 对环境低影响的绿色生活方式的设施如汽车共享计划，提供城市生物燃料能源供给的绿树银行，本地有机食品供应，互联网快递系统和地方的托儿所，都包含在标准的零能耗开发计划中，并以明确的规划收益帮助开发商与规划机构谈判。
- 所有的建筑原料和建筑构件将尽可能从当地取材，确保项目之间地区特征的不同。
- 零能耗开发标准产品的一览表，使得零能耗开发项目更加容易和快捷，且包含已经制作好的大纲式工具包。

这本书介绍如何实现零能耗开发。它包括项目的3个主要部分：可行性论证，深化设计，到施工建造。尽可能使用已有的真实的实例进行研究。建设一个零能耗开发项目应当和其他常规项目一样的明了——这本书将帮助理解整个过程。

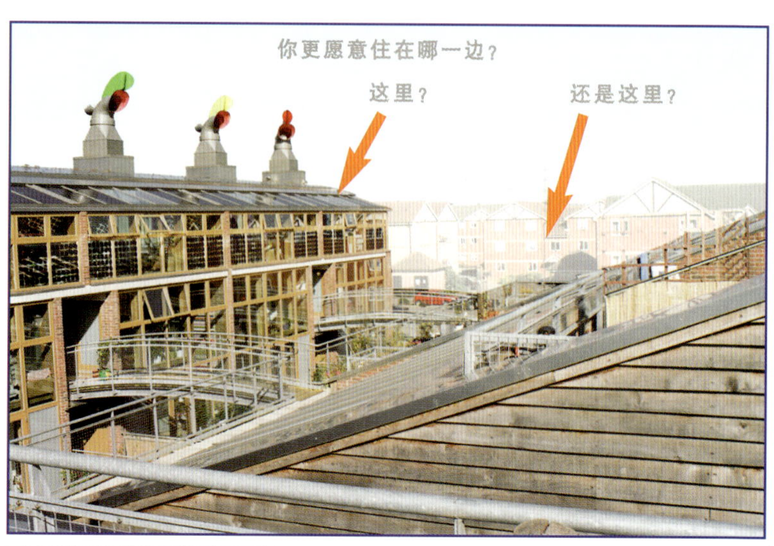

右图 零能耗开发所需要的革新，超前的合作伙伴使其与众不同……

目录

原则 & 技能 | 页码 | 零能耗工具包目录

1. 绪论

零矿物能源开发提供了一种更高品质的生活——同时节约能源

1/3的碳排放源自运输、交通和私人汽车

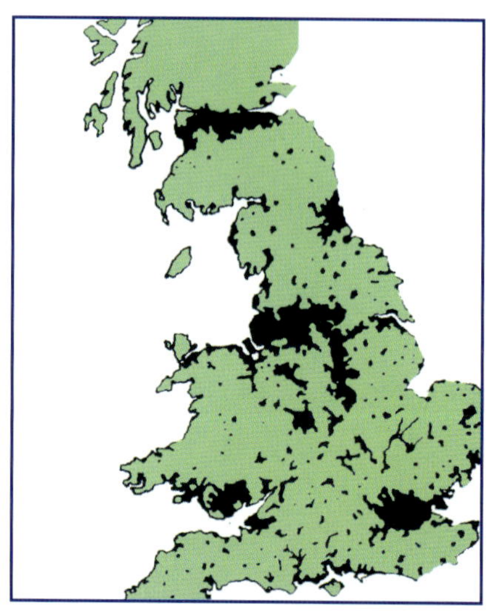
上图 英国城镇的无计划扩展把我们宝贵的农田变成了褐色土地的荒地，这是极其危险的。我们城市中的资源占地还不够密集，以至于无法如此计算维持大伦敦地区生活所需要的生产性土地面积相当于英国全部国土面积的比例，目前英国的食品70%是从海外进口的。大约400万套新住宅正在规划中，其中许多将建在农业用地上。

1 绪论

1.1 可持续发展的基本原理

如果世界上每个人都像英国人这样消耗资源，我们将需要三个地球才能养活自己。在这种消耗水准下，地球上的生态资源占地假设地球是一个有限公司，每个地球人都有着一定数额的资源占地显然是不可持续的，英国之所以能够维持过度消耗是因为许多发展中国家还处于低消耗状态。

我们的生活方式以及我们生活和工作于其中的建筑是地球资源的主要消耗者：包括土地、建材、燃料和水。资源消耗的副产品却是破坏臭氧层的气体排放、污染和废弃物，而它们又需要更多资源比如填埋场和运输工具来减少其危害。只有当大家都意识到仅有一个地球的生态足迹（one planet eco-footprint）时，我们才能实现真正的可持续发展。

本书向读者说明在建造新的住宅和办公楼时，如何在提高人们生活质量的同时减少资源消耗。本章首页中零能耗开发环状图（ZEDwheel diagram）阐述了一些方法，目的是为了从家庭的三个主要CO_2排放源中减少排放量，它们分别是交通运输、家庭能耗以及食品运输里程。环状图说明了采用零能耗开发原理之后，住户和住宅协会都能享有的利益。

1.2 政府的变革规划

政府的社区规划将覆盖到国家的每个角落，为工人、复兴城镇和城市提供住宅，为家庭和儿童建造公园。

规划指导方针的主题是以人为本——帮助人们在宜居的地方居住生活，并以居住的社区为荣。要达到这样的目的，关键的措施包括：

在所有的地产开发活动，尤其是新建住宅开发项目中遵循可持续发展的原理并致力于解决随着社会和经济发展而带来的潜在环境影响。政府应该与合作伙伴比如环境结构紧密合作，确保规划在环境方面的可持续发展，解决环境影响。

政府的可持续发展战略是确保“每个人，以及他们的后代，都能拥有更高质量的生活”。基于这个战略，住宅协会已经为英国住宅产业制定了一套可持续发展计划，并投入资金以期实现人们在社会、经济和环境生活方面的真正提高。

这些极具挑战性但可以实现的目标，只能通过住宅协会在建造、更新和维护他们的住宅时，利用可持续发展原理来实现。

在英国经济适用房机构正在考虑把可持续发展作为硬性的投资标准。不久，建造规范和方案设计开发标准都将要求提高住宅的环保性能等级。

例如，所有新的批准开发项目（Approved Development Programme）所资助的方案必须达到一定的生态住宅(Eco Homes)等级，必须达到定级标准。为了帮助住宅协会将他们的标准提升至生态住宅(Eco Homes)等级，符合建造规范L1部分和其他规定要求，本指南阐述了两方面内容，如何按照零能耗开发原理的方向去工作，以及采取哪些过渡步骤有助于向零能耗开发的思想和设计方向转换。

零能耗开发的目的：

零能耗开发（ZED）是一套创新的开发方法，以应对从根本上减少CO_2排放量的挑战，并针对经济、社会和环境问题，帮助创建可持续社区。零能耗开发的策略和基于策略的技术在本书第3章详述。

1.3 零能耗开发(ZEDs)案例

皮博迪信托公司(Peabody Trust)的开发项目贝丁顿能耗BedZED证明，建造全年没有CO_2净排放的高密度“综合利用”方案，在理论上和实际操作上都是可行的——也就是说，它们是零能耗开发。零能耗开发原理同时也针对可持续发展的社会和经济方面的问题。BedZED项目（见第6～9页）给我们概述了所针对的问题。

建造零能耗开发住宅具有很多优势，他们将可持续发展的基本原则引入有效的商业机制，具体包括：

- 住宅设计符合SDS标准。经济适用房基金已经查看过这些住宅类型的最初的图纸，在符合SDS标准方面没有发现任何根本性问题。为了精益求精，经济适用房机构将在合适的时间受邀请介入，检查设计是否符合经济适用房基金类型要求。
- 住宅按照更高的环保标准建造。比如，零能耗开发超过生态住宅的优秀等级，其SAP(能效评估)相当于150（SAP2001的最大值为120），并超过节能规范要求。
- 住宅建造质量更高。这是因为设计后的各建筑部件提高了性能，并且最大程度地使用预制件，减少了保养和维修。按照零能耗开发规范生产的部件也能用于改建项目，以提高原有建筑的保温和隔声性能。
- 为用地实现更高的开发密度，同时改善舒适度和提高居民的生活质量。更多的设施和绿色空间丰富了可持续社区，帮助避免不文明行为以及伤残家庭，居民区更加易于管理，同时大大减少维修工作。
- 较高密度意味着开发商能够维持同样的资本回报率单位面积初始资本投资较多，每个地块也能够获取比率的同样收益。投资回报率仍然在原有的20%～30%之间。根据106号文件的碳交换协议，规划过程中获取的额外收益，由开发商和社区共享。

上图 位于伦敦南部海科布瑞吉(Hackbridge)的贝丁顿能耗开发项目BedZED，是英国首个大型零能耗开发最初的实例。

下图 BedZED项目的通风帽——最具识别性的零能耗产品之一。

上图　在英国，标准住宅类型作为工具包的一部分，将指导零能耗开发。

1.4 以简单的步骤建造零能耗开发项目

虽然对零能耗开发的基本原则还有一些不同见解，但零能耗开发利用现有的施工技巧，比如预应力、预制构件，来降低建造的难度。实际上，按照明确的建造程序，利用预先设计好的住宅类型（如第2章所示），建造零能耗开发项目的风险要比传统住宅小，尤其当我们考虑超过30年的使用期限时更是如此。

从制作商业计划到实施建造过程，零能耗开发工具包在新建项目的每个阶段为经济适用房提供帮助。这些工具不仅在整个过程中指导住宅协会，而且还使这个过程更高效快捷。同样的方法还可应用于改造、修补和维护。住宅协会可通过零能耗工作室（ZEDfactory）的网址获取全套零能耗开发工具包：

www.zedfactory.com

1.5 哪些人应该阅读本指南

本书可为那些对新建开发项目进行委托、审批、设计和工程管理的人及其合作伙伴提供帮助。本指南非常适用于：

- 经济适用房机构官员；
- 地方政府部门的规划师和住宅管理官员；
- 私营开发商
- 建筑师和设计师；
- 推进节能和可再生能源利用的人士；
- 基金管理人和银行家；
- 规划和工程咨询公司；
- 社区规划师；
- 可持续开发从业人员；
- 中央、区域和地方政府各阶层决策者。

左下图　传统方案
传统的3层公寓，采光不足，没有私家花园，过于浪费的停车位，几乎没有可用的公共空间。目前很少有鼓励性的措施促使大型住宅开发商以可持续方式建造住宅。

右下图　零能耗开发方案
在附加上了商住楼，提供办公和娱乐设施的商业楼的完美社区环境下，BedZED实现了同样的住宅密度，住宅大部分都有双层玻璃的温室和私家花园，并为乡村广场预留了空间。

1.6 如何使用本书

上图 伦敦市长认为在2010年之前，伦敦每个区至少都应有一个ZED类型的新社区。

本书是以零能耗开发团队在实践中所获得的经验为基础的，这一团队曾构想、研究、规划、设计和建造了位于伦敦萨顿(Sutton)的贝丁顿零能耗开发BedZED项目。本书章节组织安排如下：

第1章　本章介绍了在政府和经济适用房机构的战略和政策条件下实现零能耗开发（ZEDs），并解释了它对于创建可持续发展社区的重要性。同时还对贝丁顿(BedZED)项目作了全面介绍。此项目获得了多项世界大奖，包括2003年英国皇家建筑师协会RIBA的住宅设计奖、2003年RIBA斯特林奖候选名单，它是欧洲首个高密度零能耗开发项目，获得2002年奥地利能源全球奖，并为零能耗开发建立了标准（参照第9页）。

第2章　可行性研究——包括基地策略制定（含商业模式）和针对方案进行第一步的设计思考。

第3章　设计——着眼于设计的深入和细化（第二步），讨论碳中性开发的整体解决方案所需要的主要技术和策略。

第4章　建造——提出切实的方法使用预制品，并为可持续发展产品建立区域供应链。

本书的主要的文字部分介绍了零碳建筑的基本法则和原理。这些页面的顶部用地球的形状作为标记。

在每个章节结尾的页面，包括穿插在主要文字中的插图，介绍了利用零能耗开发工具包的方法和实例。这些页面用扳手的图片为标记。

目录显示了首次使用和描述的零能耗开发“工具”的位置，很多贯穿了项目的始终（比如零能耗开发评估器）。

本书的章节安排与项目或方案的主要进度阶段相一致，按照可行性研究、设计和建造的顺序编排，使读者尽可能易于获取相关信息。

实例分析：贝丁顿BedZED伦敦南部

主要衡量指标及优化设计

以下展示了BedZED设计如何形成零能耗开发类项目的下一代通用住宅产品。图表分两列分别给出BedZED和通用型的ZED单元具体数据（ZED单元已用于BedZED及其他ZED项目）。通用ZED方案的核心部分布局（见右上图）仅由D1和D3的零能耗标准户型排列而成，没有包括中心位置的社区服务机构或设备用房。完整的ZED方案（右中图）将所有的场所整合在了一起，包括核心开发、其他联排住宅、热电联产设备（CHP）用房、生活用水处理机房和社区大厅、开放绿地以及位于中心的汽车联营公司。

“核心”组团方案适合于密集型城市用地，而完整的ZED方案则是实现“零排放开发”（Zero Emissions Development）的首选方式。

注明：书中所有的ZED性能描述均是以完全ZED方案为基础。

Egan报告的结果表明，通过目前公认衡量方案在社会、环境和经济方面的可持续性的方法来比较方案间的生产率和质量。贝丁顿项目BedZED已经根据下列指标进行了评估。

主要指标	BedZED	核心BedZED	完全ZED	核心ZED
小区总面积（hm^2）	1.7	0.64	1.13	0.58
总户数	82	63	90	54
建筑面积（室内）（m^2）			8199	4635
建筑面积（室外）（m^2）	10388	8235		
总居住人口	244	198		
可居住房间	271	225	350	198
公共绿化带面积（m^2）	4873	538		
体育场所面积（m^2）	4335			
私人花园面积（m^2）	2058	1638		
主要交通面积（m^2）	3207	1160		
停车场面积（m^2）	986			
车位数	84		92	40
员工总数（1/12 m^2）	196	130		
人口密度（人/hm^2）	148	309		
户数/hm^2	47	100	80	93
可居住房间/hm^2	164	352	310	341
小区总人口	267	512		
有顶的每户自行车停车位			1	1.2
电动车辆充电处	40		7	7

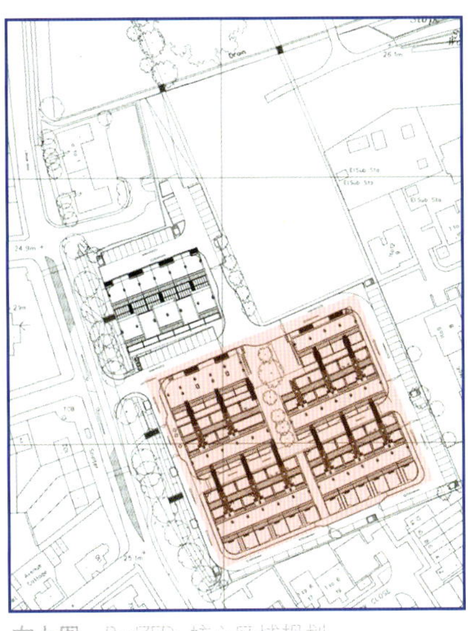

右上图 BedZED 核心区域规划

右中图 BedZED 整体规划

注：BRE General Information Report 89 贝丁顿零能耗开发项目（BedZED），伦敦萨顿，2002.3

第6页图 每个BedZED的住户都拥有私家花园，他们以这种充满想像力和多彩的方式融入到城市的之美。

上图 BedZED单体间的空间形成了实用且具有渗透性的城市空间。

上图 BedZED的多功能建筑——社区大楼总部，有交换室、基地内污水处理设备、热电联产设备。

BedZED 实例分析 零能耗的实际应用

新型英国花园城市

BedZED试图向我们展示如何协调居住密度与舒适性的关系——在逐步降低对环境的影响的同时提高大多数居民的生活质量。

一个典型的英国家庭，每年碳排放的1/3用于家庭供暖和电力，1/3用于运输、交通和私人汽车，另外1/3用于食品里程——在英国，平均每一餐从农场到餐盘需要运输2000多英里(3219km)。在考虑零能耗的设计中我们不能忽视以上三点中的任何一点，因此，我们在BedZED项目中试图以简便的方法引导居民接近碳中性的生活方式，不经意之间使人们接受零能耗的生活方式。

在现存的土地上增加建造密度意味着到2016年我们可能满足大约300万左右住房的新需求，而不会因为采用传统低密度的开发而失去宝贵的农田和绿地。同时，大多数新建房屋拥有花园，南向温室，而且在开发区内提供办公场所，避免了上班的往返。

对环境有益的革新需要更大的投资，因此政府已经允许发展商所购买的规划用地以许可的最大密度建造，以增加一个免土地费的办公停车场。

我们把花园置于工作室的屋顶——事实上使每家都有一个花园，这些说明如何在提高舒适度的同时增加密度。相邻的1980年代中期的三层公寓居住区与BedZED拥有相同的居住密度，但是却没有私家花园等一系列设施，其发展商原本用于购买办公停车场的资金现在重新投资，用于按零能耗技术规范进一步改造。

我们已经通过和政府的协定，通过扩充106规划法宝，计划利润部分与当地政府达成正式一致，包括确立减小对环境影响的目标。关于这个项目，我们已合法地开创了一个英国的先例。实质性的突破意义在于不需要不断地要求政府批示，就可采用新的碳中性多功能开发。英国以每年1.5%的平均速度在更替它的城市建筑(住宅和公共建筑)，这意味着如果零能耗标准能普及的话，在下世纪之前，我们的大多数生活环境将会实现零碳。

下图 Bed ZED几乎为每家提供了一个花园，并仍保持了很高的开发密度。

零能耗开发方案技术说明

以下是一个零能耗开发的技术说明书。不久的将来，任何达到零碳标准的方案可以申请取得ZED资质。

如果房屋建设协会想要确认发展商的提案与ZED说明一致，可以申请一个ZED审计资质，它允许经济适用房机构使用ZED标识，同时可以作为房地产公司审计的一部分来完成。

零碳（Carborn neutral）的定义

完全零碳发展的技术标准包括：

- 所有的居住和办公所需的采暖及热水均由基地内的可再生能源提供。
- 零能耗建筑将对热力和电力的需求降低到新的层次，尽可能提高被动式能源比例(BedZED中将能耗降低到仅为1995年住宅建造规范的12%，或者2000年规范的27%)。
- 基地内的可再生能源中心提供充足的电力以满足每年整个小区的生活和工作的电力需求。
- 每年CO_2净排放量为零（生物能CO_2假设为碳中性）。

技术指标

商住混合型项目

(1) 潜在的就业密度——根据对当地基地情况的分析，基地内每个居住床位需要的商业或公共空间为$12m^2$。

建造阶段

(2) 所有的住房和工作场所的建造均应达到零采暖的要求。

(3) 在详细的规划许可之前，各种建材的包含能量和包含CO_2审计将由BRE执行，自身包含CO_2不应多于$700kgCO_2/m^2$，不包括能量发生设备，如光电板PV、太阳能收集器、热电联产设备(CHP)。

(4) 在建造中可回收或再生材料的至少占体积的25%和质量上的25%。

上图 如果要开发完整的零能耗项目，基地内必须有可再生资源（如碎木）产生的能源。

由于英国国界范围内的可再生能源短缺，因此在没有尽全力减少所有可以减少的能量荷载时，就使用可再生能源（如碎木）产生的电力是不负责任的。

零能耗方法确保在新的建筑项目里，能达到出色的被动性能——如果使用足够的生物能，任何项目都可能成为零能耗建筑，不过，如果我们到本世纪末就用完英国的可再生能源，这也不会对社会有任何帮助。

(5) 75%的新木料需经森林从业者协会（FSC）鉴定。

(6) PVC仅限于管道、电线等构件。

(7) 所有建造废弃物需分离再利用。

(8) 所有外墙、地面及屋面材料需满足U值小于0.1W/(m²·℃)。

(9) 所有玻璃幕墙和屋顶天窗需满足平均U值小于1.2W/(m²·℃)。

(10) 所有新建住宅和办公楼均达到或超过节能标准(英国)即《国家住宅节能最高应用指南》——一般信息72页(GIF072)，新建和现有住宅节能标准——第5页——“高级标准”。

能源/CO_2

(11) 在基地内安装的热发生装置装机总容量最高不能超过21W/m²，发电设备总容量不能超过14W/m²。这是为了确保节能设计实施，并且防止开发商通过简单地安装一套大型生物能发电机组来满足碳中性的要求。在英国，生物能资源的使用是受限制的。

上图　建筑向阳可以将热负荷降低，被动式阳光得热能满足1/3的冬季采暖需求。

(12) 所有家用设施均应采用基于能耗标准A等品，所有照明设施采用节能荧光灯。

(13) 安装的制冷设备系统应为零能耗。

(14) 安装的冬季采光窗不小于0.08m²/m²建筑面积，这可以最低限度保证被动式太阳能的采集。

(15) 安装的普通采光窗不小于0.16m²/m²建筑面积，这保证了所有居住用房内的最低采光要求。

(16) 指定的风能热回收风机的开发应用，不需用电，而且其最低热交换功效为70%。一个隔热极好的住宅，其一半以上的热负荷来自通风引起的热损失。这种设备能确保健康的室内环境和热功效率而不用安装需要电力的机械通风系统。

(17) 建筑气密性产品满足50Pa以下，每小时换气2.5次，降低了由于气流导致的热损耗。

(18) 所有公用设施计量表安装在易于抄报的位置。

水的保护

(19) 全部安装节水型用具，包括2～4L的双水流马桶。

(20) 至少50%建筑占地面积的雨水回收，再利用于灌溉和马桶冲洗。

(21) 采用多孔材料路面以削弱地表水的流失。

上图　基地内水的循环使用，结合节水型用具及设备，都是零能耗战略的一部分。

环境

(22) 所有三居室住宅均有私人花园，覆土300mm厚，最小在园面积$20m^2$。

(23) 所有住宅在南向都尽可能设置了无需采暖的阳光室，使用低辐射双层绝热玻璃和低辐射双层玻璃门，对采暖的居室使用室外级别的窗。

(24) 花园——所有花园每年至少保证1800h的日照时间。

(25) 家庭废弃物回收——每户都安装有4格分类垃圾箱。

(26) 生物多样性——建筑物75%的占地均为绿化，包括300mm厚覆土的绿化屋屋面层或屋顶花园。

上图　健康多用途的起居空间使得零能耗建筑具有更长的使用期，带给用户更大的灵活性。

交通

(27) 最大停车位为每户0.5个。

(28) 汽车合用组织的车辆储备为每40户一辆。

(29) 每户有1.5个有顶自行车位。

(30) 每10户设一个电动车充电处，为电动车和其他混合交通工具提供燃料。

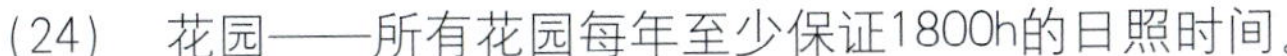

耐久性

(31) 所有可替换的保温材料都具有最少60年使用寿命的证明。

(32) 所有嵌入填充墙或结构板内不可更换的保温产品都与建筑结构有相同的使用寿命。

(33) 所有结构构件符合120年长期耐久建筑的英国标准。

未来升级的潜力

(34) 所有公用采暖系统和联合热电机房设计得便于升级，比如在进展允许的情况下改造燃料电池技术。

下图左　在BedZED项目中，广泛使用了木质护墙板，本图表示其与屋顶通风帽的效果。

上图　BedZED的中心是一个乡村风格的小广场，从所有的屋顶花园和阳光室都可以看见它——任何城市空间的中心都应该是人行优先，而不是停车。

下图右　零能耗住宅典型的南立面，可以看到阳台和底层花园。

2 潜力评估

上图 零能耗标准住宅类型，来自BedZED项目成功的户型，它们大部分卖得优质优价——健康、明亮、布局灵活的住宅在此得以实现。

2 潜力评估

2.1 章节简介

本章概述了如何对基地的零能耗开发的潜力作出评估，并且举例怎样合理地将商业项目导向零能耗开发。这里所说的商业项目具有三个要素：

- 研究可选方案（2.2节）

  选用零能耗标准住宅类型，创建一系列可选方案，使之适合于基地、业主、未来住户和已有的社区。当然别的设计也是可行的，但在本书不作特别讨论。
- 核算方案成本（2.3节）

  考虑所有用地以及与住宅相关的成本，包括：

  ✓ 使用零能耗产品构件，以满足规范以及使零能耗开发更快、更简单易懂。

  ✓ 对于整个使用期，建造的灵活性和易维护性产生的成本。

  ✓ 控制供应链所产生的成本。

- 确定收益（2.4节）

  着重强调开发对业主和当地社区带来的益处。规划的成果将详讨论。

为了帮助解释，本章也简要介绍了可利用的零能耗开发工具（右页），并且另外介绍了零能耗评估工具（参见第32～37页）。

右下图 评估一个基地的潜力——用零能耗标准住宅规划基地，以测算其最大价值和舒适度。结合计算机辅助设计，规划测绘信息和零能耗系统，可以很快地进行灵活的研究以满足业主要求（参见2.2节）。

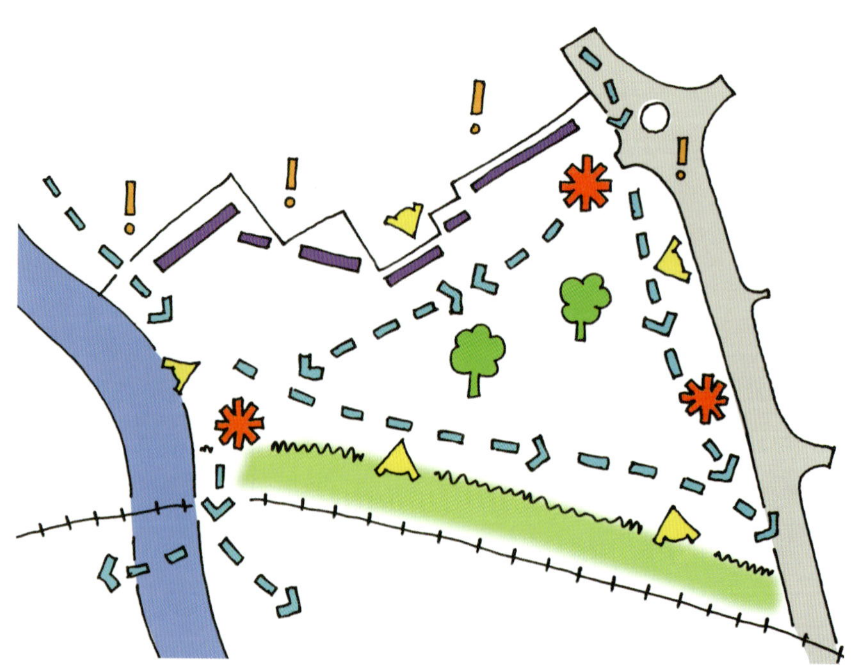

零能耗工具

上图 BedZED项目的建造方法和材料使燃木发电站成为可能。其他方案也可行。

上图 零能耗工作室发展了被动式风机的通风帽。对某些零能耗项目可能更适用其他系统。

零能耗开发“工具包”由比尔·邓斯特建筑师零能耗工作室有限公司开发，主要源自在伦敦萨顿的贝丁顿零能耗开发项目(BedZED)所取得的经验（详见第5~8页的BedZED实例分析）。工具包包括：

- **零能耗评估器**——一种计算机软件系统，可以帮助业主或开发商计算不同开发方式产生的剩余土地价值。社会经济适用住房供给因素也已计算在内，并加以变化以保留最大价值。可以选择零能耗开发标准住宅类型快速填入软件，得到所见即所得的结果，如果加以分析，会有助于产生优化方案。

- **零能耗开发标准住宅户型**——一系列的住宅设计，可以实现不同搭配和品种的居住和居住/办公的单元类型。所有的设计都设有个性化的花园空间，并且所有内容均已指定且计入成本，因此将开发商的风险降至最小。这些住宅都使用零能耗开发产品。

- **零能耗开发产品**——从A到ZED，26种规格的详细目录，包括产品、构件和服务。其中的25种与设计和建造相联系，也就是说，当批量建造的时候，就可以减小居民1/3的生态足迹。最终的零能耗开发成果证明，结合减少私家车使用和增加本地食品供应，这种积极性是如何帮助居民最大限度地减少对大气的碳排放（详见第1页零能耗轮状图）。

零能耗开发产品的构件都是经过完全核算成本、指定规格、测试性能和来源完备，并且作为建造零能耗开发标准住宅的工具包的一部分。本书中所列的条款，到目前并不容易被建造商所利用。产品构件应结合工具包得以简单应用，同时所有构件都设计为批量制造并且进行成品装配，因此可以实现只使用有限的施工工艺而加快建设进度。所有开发工具和住宅设计的版权属于比尔·邓斯特建筑师零能耗工作室有限公司。所有建议（包括细部节点和咨询意见）仅为比尔·邓斯特建筑师零能耗工作室有限公司使用。

上图 光伏电池用于住宅供电可能会需要很长的回报期，但如果为电动汽车合用组织供电，则回报期将大大缩短。

● 零能耗工具包

这个工具包涵盖了上文所提到的工具、本指南和位于www.zedfactory.com网址的更多帮助。这本指南提供了一套精确的程序、信息和指导，目的是使建造零能耗建筑变得尽可能的简单迅速。

这个工具包计划用于设计、确定规格、建造和某些多功能开发操作服务的过程。如果加以综合应用，工具包的各个要素会提供一套有效的方法来建造新住宅。而使其尤为特殊的是，它可以逐渐调整到零能耗标准或零碳标准，也就是说，以一年的运行期间来看，将没有有害的CO_2排放这一结果是从根本上减少了居民的生态足迹占有量，这意味着，在力争一个好的生活质量的同时，居民不会消耗资源污染环境。

2.2 创建零能耗开发方案

所有的业主都希望将基地的潜力最大化，一般来说，这意味着要创建一个总图，可以使建筑密度、成本、建造风险、提供的生活质量和对环境影响等各个方面得以平衡。

第1步：基地评估

实施对一个基地的评估就是去衡量基地所有的有利条件。大多数基地都有可能适用零能耗开发。关键的因素是便捷的步行交通和良好的日照：

- **绿色的交通规划** 是创建一个零能耗社区的基本要素，因为整个设计就是为了尽量减少汽车使用。如果当地缺乏公共交通，假设可能地处农村，则允许当地政府增加一条公交线路。有组织的汽车合作计划已经作为一种服务，为拥有汽车提供切实的选择。BedZED零能耗开发项目中有一个汽车合作计划，由公共交通和基地内充电的电动汽车共同组成（见零能耗产品Z）。

- 零能耗开发方案用南向阳光室来获得被动式太阳能为居室采暖，太阳入射角必须在20°之内才为有效（共40°的范围）。通过设计适当的道路平面，实现南向大门和阳光室并不困难。

左下图 零能耗开发住宅的日照方位使它们可以利用太阳能采暖。

右上图 从一开始就将基地内充电处结合在方案内考虑。

右下图 所有零能耗住宅都应该接近公共交通站点。

其他有利条件包括：

- 从原来建筑的基地选址；
- 一个热衷于创建可持续发展社区的委员会；
- 当地人工和材料，包括回收利用的材料；
- 有机会利用风能；
- 好的日照朝向；
- 可能运用热电联营技术，服务原有及新建零能耗社区；
- 与公交站点潜在的便捷联系。

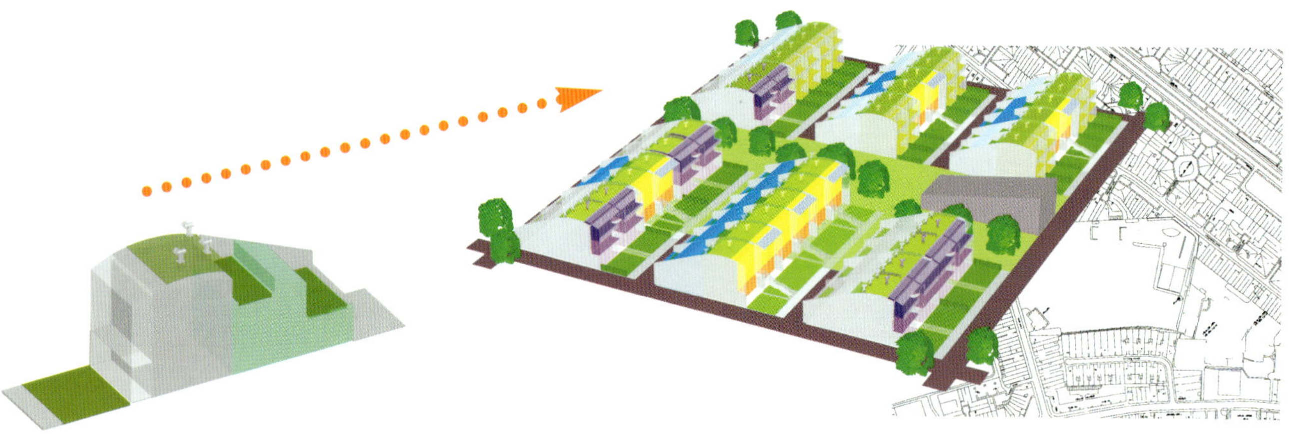

上图

通过使用这样的框架基地配置，选择合适的零能耗房屋类型来实现零能耗的要求。将这些单元组合起来安置于特定的地形图中，通过设计便可以达到很高的居住标准。

第2步 将现成的零能耗标准房型布置到基地内

零能耗设计的方法是使用一定数量的现成设计为基地提供可能的结果，这些现成的设计都已经过几个项目的应用得到证明。这么做的目的是：

- 使用一系列标准设计，快速得出方案初稿（参见30、31页实例）
- 提供具有极佳经济价值的方案；
- 降低风险，使方案简单易懂，便于建造；
- 推荐高效、大气、环保的住宅平面。

大量的开发商和承建商也已提供了一些标准住宅类型，与之不同的是，我们所说提供的住宅原型从设计上进行了特定而又全盘的考虑，目的是在降低CO_2排放的同时增加建筑密度、提高舒适度和生活质量，从而创造出舒适、实用、高标准的住宅。

标准住宅最多设计为六户连排，这样才可以将一些福利设施（如托儿所、学校和诊所）点缀其中，营造出引人入胜和人性化的乡村景象。另外可以增加如汽车合用组织及堆农家肥等以深化绿色生活方式。完全的零能耗标准可能有一天终会实现或随着时间逐渐发展。第20页假设了一些可能的情况。

第3步 选择合适的标准

在零能耗标准住宅的设计中，使用了一整套的零能耗产品以达到碳中性排放的标准。完全标准的零能耗开发可以按需要选择零能耗产品A到ZED，比如，污水处理（零能耗产品W）可以采用绿色水处理系统——芦苇地和化粪池。第9～11页细述了这些零能耗产品的设计标准，第3章讲述了采用这些标准的基本原理。

不断改进与时间检验

虽然零能耗产品主要设计用来整体运行，但他们也可以根据其个别原理加以应用。不管怎样，在创建一个零能耗项目之初，总有一些基本的要素是确定的，一旦这些基本要素包括在零能耗产品中，这个建筑就可以在未来不断地改进以达到完全的零能耗设计标准——很有可能在一些昂贵的技术价格下降之后。

20页的三个场景简要描述和举例说明各种要素的组合。图1和图2，当还不能达到完全的零能耗标准时，零能耗的标准可以允许随时间逐步加以提升。不同的选择首先取决于供热水和发电的方法。比如，可以用另外一种可再生电能作为热电联营装置的替代——太阳能热水系统加上小型锅炉系统相结合。

长远的眼光和投资十分重要，因为它将主要用于有效被动式能源策略的投资最大化，如超保温和太阳能吸收，同时确信未来会有改进，但不是中断，更不是大规模地替代和大量的浪费。

同样的方法也适用于现存建筑物的改造和翻新。

在现存住宅中实施零能耗改造

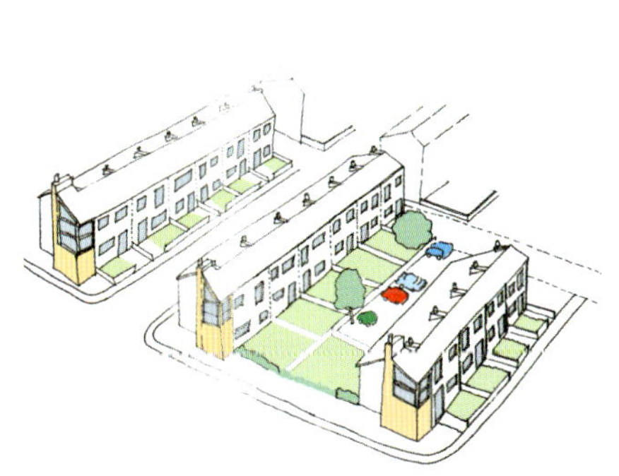

第1阶段 联排住宅的端头是燃木球丸锅炉（服务每一户），三层玻璃窗和增加的保温措施。

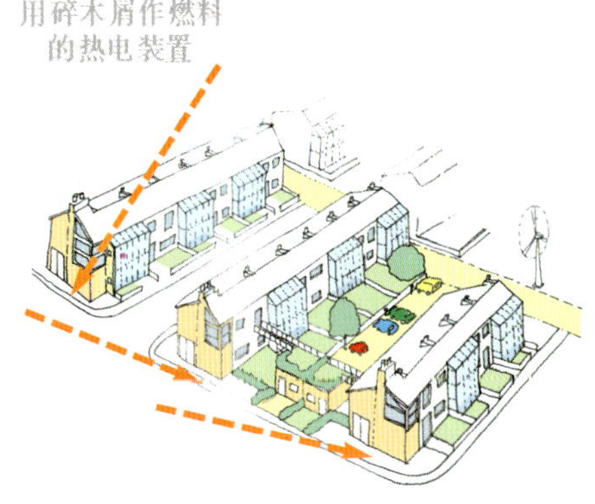

第2阶段 增加阳光室、公共用房和服务整个小区的热电联营装置。

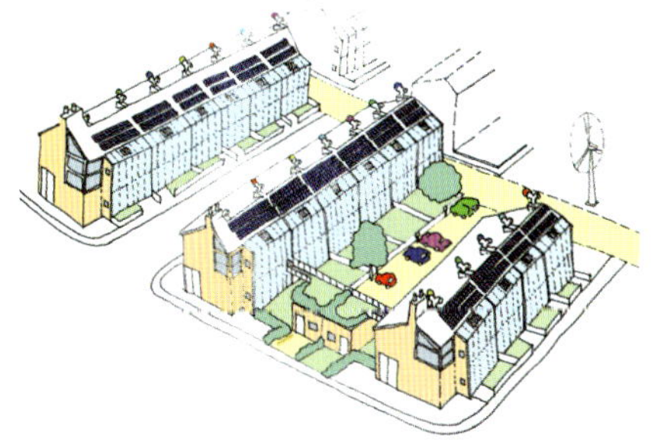

第3阶段 在第1、2阶段的基础上增加光伏电池供电动汽车合用组织运行，并加装热回收风机的通风帽。

二十一步

下表列举了一系列设计结果，说明其可以将生态足迹减少到一个真正的可持续发展水平。课题假设一个普通的英国人住在一个普通住宅区内的一幢常规满足2000年规范的新住宅，以英国平均的生活方式生活，他占用的生态足迹为5.45hm^2。如果世界上所有人都以这种消耗水平生活，我们需要三个地球才能负担。

通过这个表格还介绍了一整套的步骤。每一步都是一个定义清晰的设计结论，可以改善开发项目的环境效应，使居住者在不损失舒适的现代生活方式的基础上，选择更好的生活方式，降低对环境的影响。在任意一个建造项目中，可以将这些"步骤"应用到某一可行阶段，每个步骤都列出了通过这些设计决定可以节约的生态足迹。

在这个范例中，逐一介绍了这些步骤，并逐渐将每人消耗的生态足迹降低到1.98hm^2，他们公平地消耗地球上的资源。

"零能耗特区"是指一个大约400户的社区，它可以是一个混合使用的现存城市居住区改造，也可以是新的开发项目或二者的混合。

下表 根据最好的发展步骤提供的生态足迹的数据

步骤	名称	操作方式/说明	节省 (hm^2)	生态范围 (hm^2)
开始		以2000年版本的建筑规范，以平均密度建造的英国普通住宅，平均的住宅生态足迹为5.45hm^2（英国典型的为5.62hm^2）		5.45
1	位置	如果基地与便捷的交通站点只有10min步行距离，就可以减少对私家车的依赖，从而降低生态足迹	0.05	5.40
2	密度	将住宅密度提高到30%，将道路、铺地、草坪从人均80m^{2}减少到人均15m^2，引入空中花园和天窗保持舒适性	0.09	5.31
3	电力（家用）	引入电器节能策略（使用A级家电，节能灯具）将人均日耗电降低到3kW·h	0.09	5.22
4	建筑构造	在构造上引入零能耗的标准，将年每平方米采暖耗能减少到16.2kW·h(为英国典型住宅耗能的12%，是2000年规范耗能的27%)	0.12	5.10
5	为小区提供工作机会	引入办公、家庭IT基础工作以及其他非住宅功能，一定比例的居民可以在小区内工作，从而避免了交通需求。开发范围越大，人们在基地内工作生活的机会就越多： • 100户（BedZED项目），假设10%的员工——节省0.02hm^{2}的生态足迹 • 400户（零能耗特区），假设25%的员工——节省0.04hm^{2}的生态足迹	0.04	5.06
6	节能办公	办公室位于南向的阴影区，建造符合零能耗标准，与同类一般办公室相比，节能40%。针对开发区的人口，设置了足够的办公空间。就算许多居民在基地外工作，而外来的人又在小区工作，建筑的节能平均下来是一样的	0.03	5.03
7	小学	开发区以400户为标准兴建一座小学，以零能耗标准建造，使居民不用为了上学使用汽车	0.04	4.99
8	多种功能设施	配置与小区相应的多种公共、运动、幼托、医疗设施，有助进一步降低居民的出行需求。假设相当于50%的小区服务由基地内提供，并且这些设施	0.06	4.93

步骤	名称	操作方式/说明	节省 (hm²)	生态范围 (hm²)
		按零能耗标准建造	0.1	4.83
9	汽车合用组织	引入汽车合用组织，会员即使放弃私家车，也不会牺牲灵活性。假设25%的车主放弃自己的车，就可以将年汽车公里数降到1/5	0.05	4.78
10	绿色出行计划	除了多功能设施和汽车合用组织，还设置了自行车储藏设施以及进行自行车推广活动，同时提倡公共交通和送货上门	0.08	4.70
11	可选择的交通工具	引入可选其他燃料和高效的交通工具，以进一步降低能耗	0.07	4.63
12	生态旅游代理	在小区内引入绿色旅游代理，推广生态旅游，根据英国和欧盟生根国之间的特别协定——欧洲之星协定，与WWOOF（有机农场志愿者）以及欧洲农场接待网络相联系。将英国人均飞行里程从14km/周下降到10km/周		
13	可再生能源采暖	用可再生能源满足家庭所有采暖要求——木柴或太阳能	0.09	4.54
14	可再生电力	用可再生能源满足家庭电力要求——木柴或太阳能	0.12	4.42
15	非住宅用可再生能源	用可再生能源满足所有办公场所和其他非住宅设施内的能源需求	0.14	4.28
16	建筑材料	引入当地的、低危害、低含能（低加工值）的建材（符合零能耗标准），可能的话取材于回收和再生材料	0.08	4.20
17	低危害食品计划	引入农场超市，小区内的耕植区，并与当地农场和有机食品组织联系，推广素食甚至生态素餐 • 虔诚的生态素食者购买70%的本地新鲜食品，粮食浪费减少了40%被浪费，小于平均浪费数。这一项可节约1.25hm²的生态足迹 • 一般的素食者有50%的食品是本地蔬菜，粮食浪费减少了20%，这一项可节约0.82hm²的生态足迹 • 肉食的生态主义者只吃少量的荤菜，70%的食品为本地素食，粮食浪费减少了40%（小于平均数），这一项可节约0.88hm²的生态足迹 • 偶尔的生态主义者吃少量肉，参加每周的盒装有机食品计划，减少20%的食品浪费，可节约0.6hm²的生态足迹	0.82	3.38
18	面包店	小区内的面包店将浪费的热量加以选择再利用	0.01	3.37
19	社区堆肥计划	引入社区堆肥计划，由居民志愿者进行厨房和花园废弃物回收再生，堆肥可用于小区花园和菜地	0.74	2.63
20	再循环设备	引入简单、方便的再循环设备和信息，介绍什么在哪里可以进行再循环	0.51	2.12
21	减少物品消耗	鼓励居民减少消费品购买，有可能的话，以对环境低影响的方式购买 • 购买减少10%，节约0.06hm² 生态足迹 • 购买减少25%，节约0.14hm² 生态足迹 • 购买减少50%，节约0.29hm² 生态足迹	0.14	1.98

共节约生态足迹 **3.55**

方案1：基本水平（预留的将来改进方式）

- 暂不使用KalZIP的绿色屋面（产品F），绿色屋顶的安装可以归到后面的阶段降低屋顶保护层的成本。
- 暂不使用生态机器设备（产品A9和W1），保留城市供水（产品W5）。水处理设备不一定再此阶段包括，因为雨水收集池可以提供厕所用水。
- 暂不使用公用设施（产品Z）。这系统可以在以后作为居民讨论的部分内容。
- 暂不使用风帽通风系统（产品M1），保留电动通风系统（产品M3）。通风帽可以由电动热回收风机设备取代。
- 暂不使用装置于屋顶的双玻光伏板（产品G2和H2），当它们价格降低至市场可接受时可以加到玻璃装置中。
- 暂不使用热电联营（CHP）系统（产品V1），保留生物能木屑锅炉和太阳能热水系统（产品V3、V6和V7）。可以将小区整体系统改进为屋面上面带太阳能热水器的独立系统。

方案2：低碳排放发展

- 暂不使用不食用基地的公共设施（产品Z）。服务设施的配置应该考虑到基地条件和这一地区可用的福利设施。对大多数基地食品店和汽车合用组织可能是都最有利的配置（产品Z1和Z2）。
- 暂不使用用于屋顶的双玻光伏板（产品G2和H2），保留风力涡轮机（产品V8和V9）。在基地内发电，风力的效能是光伏板的三倍以上，但随着未来光伏板价格的下降，情况可能会有所改变。
- 暂不使用热电联营（CHP）系统（产品V1），保留连排住宅中生物能木屑锅炉和太阳能热水系统（产品V3、V6和V7）。在连排系统里，生物能木屑锅炉得以最小管线距离服务一个区域。

方案3：完全零能耗级别——及其他的实现途径

- 生物能木屑锅炉和太阳能热水板（产品V6和V7）。遍布基地的系统可以满足所有的热水和电力需求，还有一些别的发电方式可以用来满足电动交通工具，以及满足用电高峰期的负荷。

	A 基础	B 预制混凝土	C 内隔墙	D 钢构架	E 空中花园	F 屋面保护层	G 天窗	H 南立面	I 三层玻璃窗	J 外墙	K 屋顶和基础	L 密封设施	M 自然通风	N 室内木装修	O 热水及计量	P 管道工程	Q 室外栏杆	R 生态浴室	S 供配电	T 饰面	U 生态厨房	V1 碎木燃料CHP	V2/V3 生物能木屑锅炉	V4 碎木燃料锅炉	V5 屋顶双玻光伏板	V6/V7 太阳能热水器	V8/V9 建筑风轮机	W 污水处理	X 公用设施	Y 景观	Z 绿色生活方式
方案1																															
使用													3															5			
暂不使用	9						2	2					1															1			
方案2																															
使用																															1,2
暂不使用							2	2																				5			
方案3																															
使用																															
暂不使用																												5			

2.3 成本评估

所选的项目可以进行估价并将它与通常的方案在投入产出比上进行比较。零能耗评估系统（参见第32页）可以对不同住宅混合的情况进行比较，不论是出售商品房还是社会福利房。其目的是取得最优化的方案。

零能耗评估系统可以在一个规划方案的概念设计或投标阶段就给出相当精确的估价，它同样有助于计算规划意见中需要增加的密度，作为对应用零能耗标准增加成本的补偿，同时它也用来计算为了保证最低利润而需要增加的售价。对于出资方和发展商来说，这种方法提供了一种预见性。同时，它也给地方政府吃了一颗定心丸，只要适当增加密度，就能获得更好的环境效益，远胜于简单地给开发商增加利润。

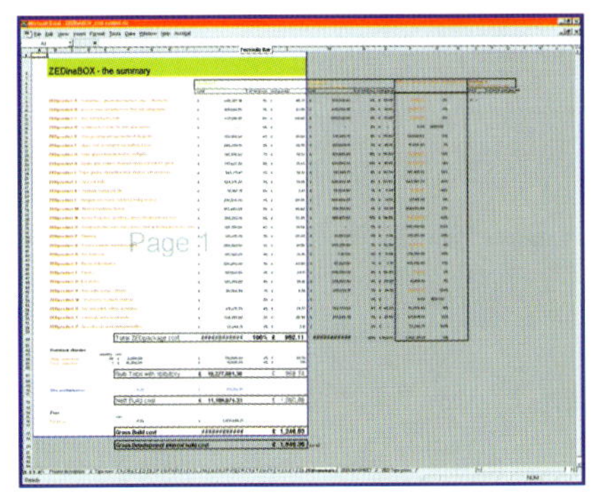

上图　零能耗项目的开放式概预算表，可以清晰并相对准确地描述增加的造价如何换来高环境质量下的提高的密度建筑产品。客户于是可以非常清晰地比较传统的建造方式和零能耗的建造方式在同一个基地上的优劣之处，这使相对容易地促使相关土地开发和规划部门达成协议和共识。

2.3.1 与一般建筑的成本比较

零能耗典型产品的总平面布置比通常的项目每公顷增加一些套数（住宅和非住宅），这些建筑的标准也很高。这必定意味着总造价和每平方米造价都较高。不过，正如第22页的表格所显示的，增加的住宅以及更高的标准所增加的造价会由增加住宅的利润所补偿。因此，从整体上说，业主和开发商将得到与一般批量住宅的建造商近似的投资回报率。业主（和居民）还将获得更高质量的最终产品和更多的便利。

2.3.2 全生命周期运行费用

一般来说，不进行那些高环保要求的开发，最通常的原因是它看上去太贵了。当然，对于某些配件来说确实如此，更多情况下建筑和用户可以从零能耗标准达到的高性能标准中节省下费用（例如在零能耗标准住宅中不需要添置传统采暖系统）。

地政府因此受到鼓舞，同时也鼓励人们去了解开发项目整个使用期的费用，包括维护费用和居民的燃料费用。在这些方面，零能耗建筑比类似的一般方案更便宜，因为它们更为坚固耐用，产品组件（如高标准窗户）需要更少的维修。

改造的灵活性

使用期内成本的另一方面是建筑对未来改造的灵活性，零能耗建筑要能适应家庭以及其生活方式改造的需要。

零能耗建筑的建造采用耐久性外墙和分户墙，但是内墙采用的是轻质隔断，可以轻易修改任何部位。此外还有一些设计上的特色使得修改变得简单：

- 如果要求的是一个各年龄层使用的住宅，在阳光室内预留了电梯的位置，便于轮椅或年长者使用。
- 配线安装在装饰面板的木槽中，装饰得看上去像是功能性的构件。桥架可以打开（盖子是盖着的，需要的话可以用儿童保护旋钮），以增加或改变布线。
- 如果住宅不止一层，那就在每层都设卫生间，则卧室既可以布置在一层也可以在二层。

	一般开发项目的方案评估表	零能耗选项的评估表
	英镑	英镑
总售价	£19,180,000	31,820,000
每公顷住宅户数	98	126
建设成本	5,826,920	14,829,870
营销	412,370	684,130
购置成本（土地剩余价值）	8,529,310	8,987,392
总成本	14,768,600	24,501,400
毛利润	4,411,400	7,318,800
利润率%	23	23

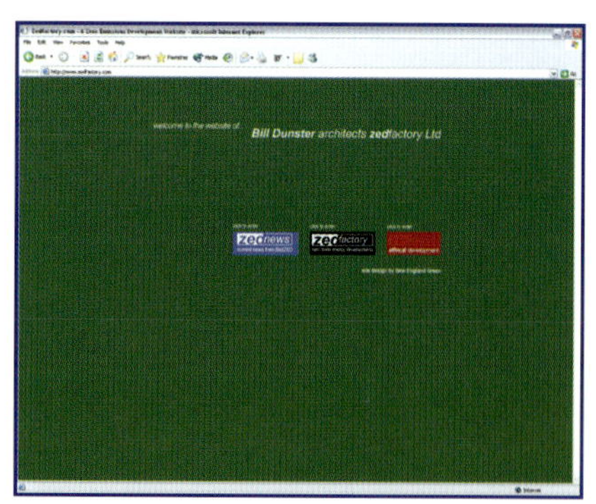

上图　网络一方面提供零能耗合作伙伴以及他们服务间的联系，同时，它也为潜在零能耗客户保持凝聚力的理想论坛。

2.3.3 创建供应链

要让零能耗的原理可以被广泛地接受，其前提是从大规模生产的批量效应中得到经济利益——当这一切实现时，BedZED就不再是“样板房”了。正因为如此，全力发展一条供应链至关重要，它简化复杂的建筑物理原理，提供对环境低影响的产品，以达到城市建筑的零能耗标准。这意味着，可以通过与供货商谈判，来决定当产量增长时，价格可以下降多少。

BedZED使用的许多材料和产品都是建造商的标准产品，如砖、石棉绝缘材料和混凝土砌块等。不过，也有一些材料需要小批量定做或从别国进口，如斯堪的纳维亚地区的建筑规范对隔热性能有更高的要求。此外，再生和回收材料也应加以安排利用。

采购者协会

为了避免不得不进口昂贵的部件，同时也为了从批量生产中取得经济效益，经济适用房机构和开发商应该调整他们的区域采购策略，通过ZED采购计划协调以进一步降低零能耗建筑的成本。

采购者协会和供应网络通常有助于刺激可持续发展的市场，同时有助于降低所需部件价格，以完成零能耗产品系列，从而：

- 逐步消除地区性的燃料匮乏；
- 为当地公司降低建造成本；
- 直接提高了本地可再生能源的生命力；
- 刺激本地工业创建可再生能源产业系统；
- 发展了出口工业，供应本地、本区域、国内和国外；
- 减轻本地污染，提高空气质量；
- 上述效益的结果就是为本地区带来外来投资。

零能耗建筑的供货商目录可以在网址www.zedfactory.com查到。但必须说明的是，这个目录并不意味着毫无遗漏，而是会有不断的更新。由于BedZED项目的位置，这个项目只反映了英国东南部的影响。零能耗工作室将乐于同供货商和零能耗部件的生产厂商共同工作。

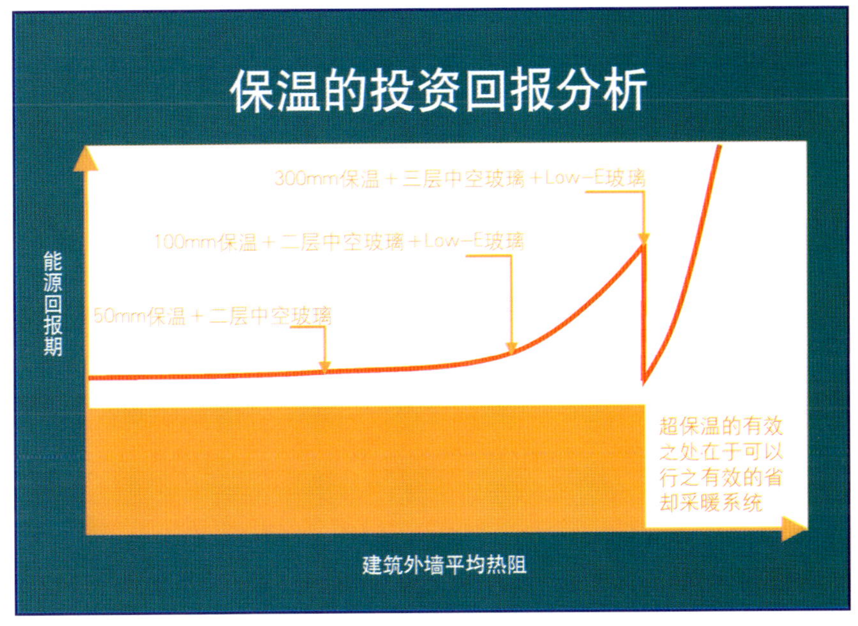

左图 图表说明，通过将建筑外墙保温层逐步加到300mm，增加的费用会由节省常用采暖系统和提高建筑物物理性能两项来弥补。

上图　许多地方政府已经主动将零能耗方针包括到他们的规划指南纲要中去，允许开发商提出更高密度的方案，这一措施补偿了因采用零能耗标准而增加的成本。

2.4 效益评估

建造零能耗住宅可以得到的效益有：

- 增加的销售收入——因为购房者想买的是高品质、坚固耐用的住宅，同时具有趣味和环保的建筑意识。
- 更高的建筑密度——通过提高住宅建筑密度，可以补偿使用更高规格配件的费用，而提高了居住的舒适性，其回报是得到计划利润。
- 在全部居住用地要求内，增加了商业和办公空间——产生更多利润。
- 为居民和本社区提供更多福利设施。
- 几乎所有住宅都有的花园（包括公寓）。
- 便捷的交通联系和/或设施。
- 更高品质的生活，提倡更健康的生活方式。
- 减少CO_2排放。
- 团结整个社区。
- 降低对现有城市构架的环境影响。

尽管这些效益最终将被量化，但对于其中的几项确实很难给出货币单位的数值。政府部门已经意识到可持续发展社区将运行得更好，并在相当长的时间内可以节约公众资金，政府部门正在提倡城建项目实现这些目标。

大型的连锁建设商得到大量的利润，但并没有向他的住户（现在）提供上述提及的所有效益。零能耗建筑之所以能有这么多好处，是因为它建立在节能住宅设计的基础上，并与绿色生活方式紧密联系在一起。

2.4.1 建筑密度的压力

规划方针指南说明3（PPG3）中要求更高密度的开发，这比大部分建造商过去通常所建的都要高。每公顷最低要求是30户，这个标准在城市地区可能更高，最高达到50户/hm^2。标准的零能耗住宅选型设计为50～100户/hm^2，高度在三层以内，这也是大多数住宅协会所期望的。而采用零能耗塔式住宅设计，就能使建筑密度大大增长——一个标准的35层SkyZED（见附录实例分析），有326户（1218居室/hm^2），加上17500m^2零售和办公面积。

所有的零能耗设计都包括一个对基地内的居住/工作单元和办公空间的预测，作为对所提供住宅密度的补充。住宅和办公室都接入宽带网，人们可以在家办公，这也是未来更多人所希望的。随着零交通居家生活、工作和购物数量的增长，将会使昂贵的道路投资显著下降，更多远的土地将享有相关的基建服务设施。

2.4.2 计划利润

如果让零能耗的开发商以通常的低密度来开发土地，那么，大部分的建造商必须得到计划的利润来补偿采用高标准而增加的成本。而由于供应链中环保产品的比例不断上升，大规模生产的产品储备也不断增长，计划利润的总数将进一步减少。

地方政府或住宅协会可能会认为在有些地方还是要采用低密度方案（如30户/hm²），主要是那些不能达到零能耗标准的方案。可是，对于为什么大部分项目的业主选择了零能耗标准，这儿有很充分的理由：例如希望在不损失舒适性的情况下增加密度，或提高房屋性能以满足21世纪条约对城市空间的目标，或贯彻绿色交通计划。

计算必要的计划利润：

- 布置零能耗方案（如第2.2节所示），零能耗标准住宅选型按大于50户/hm²的密度设计。计算出在这个密度下的剩余土地价值（用零能耗评估系统）。
- 计算出同样密度下的常规住宅方案可以达到的剩余土地价值。
- 现在，减少常规住宅方案中的单元数量，直至其土地剩余价值与零能耗方案相同。这个差额就是零能耗方案所需的计划利润。
- 业主可以选择在零能耗方案中布置更高的建筑密度来弥补差额，也可以提高用地的利用率。

第28、29页举实例说明零能耗建筑如何能布置出更高的密度，同时比低密度的常规方案对环境的影响更低。

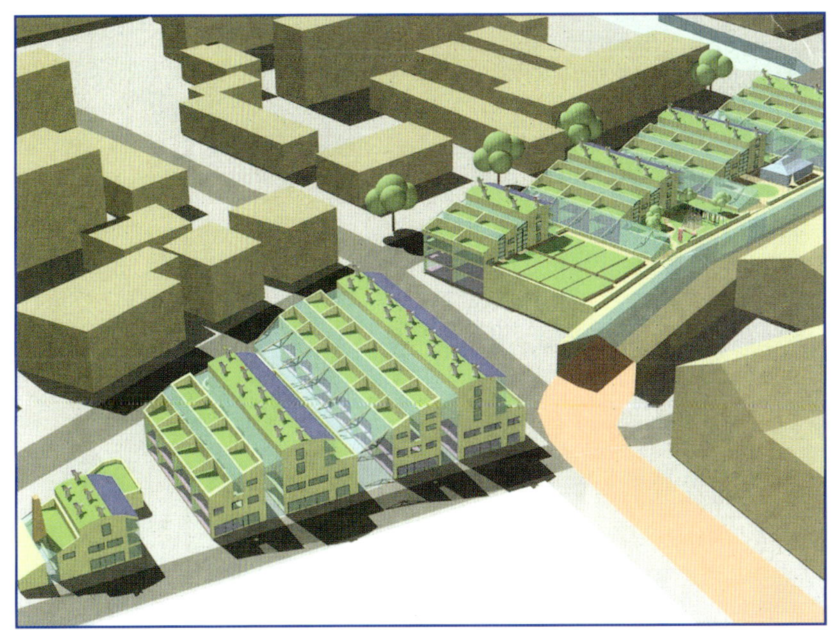

左图　许多城市内的零能耗建筑的特点就是用一层商业办公或公共建筑作为一个底座，平台上两个体块间的空间用玻璃覆盖，以便在需要的地方设置室内商业街，在大量的多功能商业街之上设三层住宅，可以带来合理、舒适的密度

2.5 规划质量提升

在BedZED项目中，我们开拓性地将计划质量提升用于平衡提升建筑能效和质量增加的建造成本，是因此平衡零能耗设计标中准产生的费用。实现的过程阐述如下：

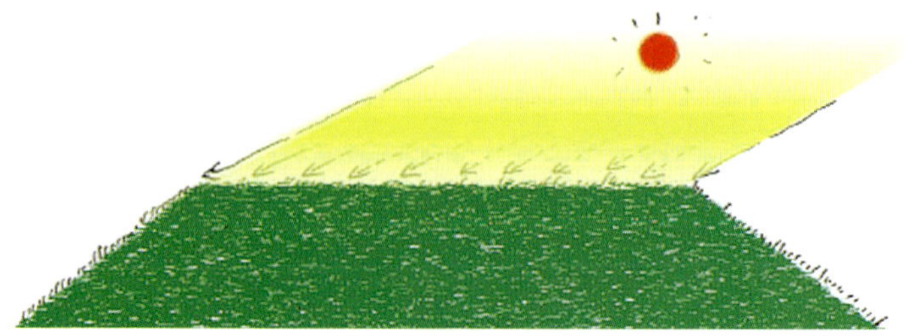

找一块平整的非农用地，最好靠近公共交通站点。

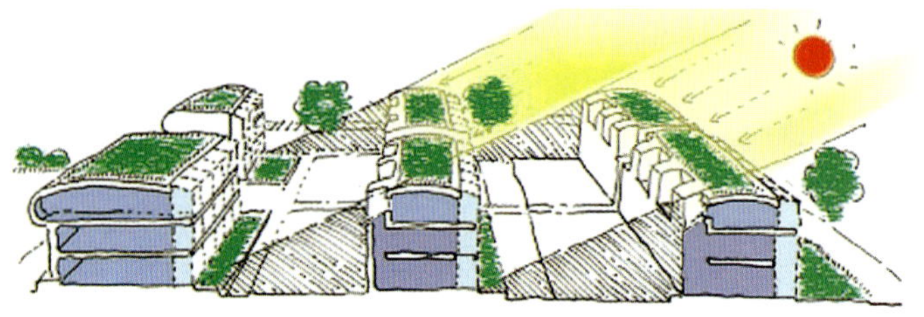

针对基地提出概念方案，安排64户住宅平均每户3.5居室，每户用地平均0.64hm²，这在BedZED的核心地块创造出100户/hm²的建筑密度。

零能耗工作室还在基地内额外安排了1560m²的办公面积，这部分增加的商业收入帮助提供节能资金，同样保持了标准房的舒适性。

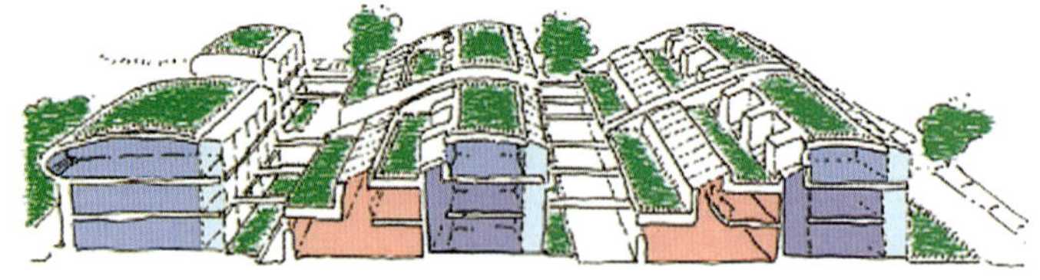

最终的方案是一个综合居住和工作的社区，总建筑密度为100户/hm²的住宅，且基地内共有203个办公空间。单元类型的排列如下，以穿过BedZED基地的彩色剖面来表示。

上图 零能耗从早期建筑师，业主和地方政府之间的协商得出较好的规划优势，使得任一基地都能满足较高的建筑密度水平。业主的需求可以更高标准地满足，本地的社区受益于富有创造力和激情的城市空间。

下图 朝北的办公空间屋面覆盖住宅单元的花园，将密度和舒适性最大化。

零能耗标准住宅类型单元尺寸

单元类型 D1

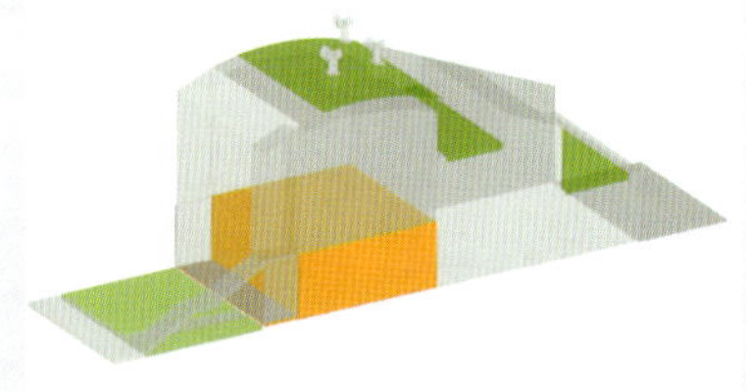

楼层	房间类型	面积 (m²)	面积 (ft²)	尺寸 (mm)
室内净面积（包括太阳室）				
室内净面积（不含太阳室）				
建筑面积				

单元类型 D2

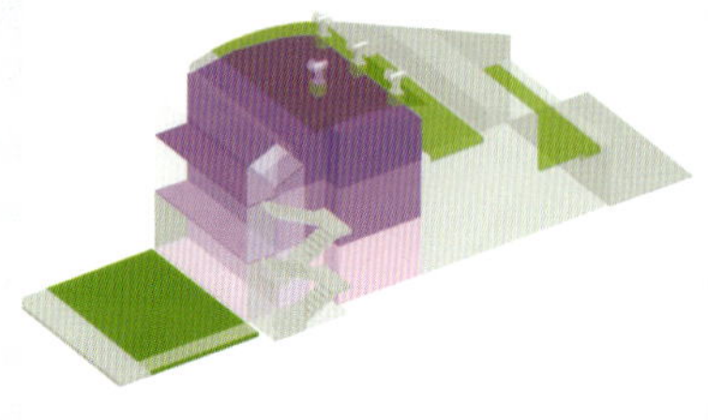

楼层	房间类型	面积 (m²)	面积 (ft²)	尺寸 (mm)
室内净面积（包括太阳室）				
室内净面积（不含太阳室）				
建筑面积				

单元类型 D3

楼层	房间类型	面积 (m²)	面积 (ft²)	尺寸 (mm)
室内净面积（包括太阳室）				
室内净面积（不含太阳室）				
建筑面积				

单元类型 D4

楼层	房间类型	面积 (m^2)	面积 (ft^2)	尺寸 (mm)

室内净面积（包括太阳室）

室内净面积（不含太阳室）

建筑面积

单元类型 D5

楼层	房间类型	面积 (m^2)	面积 (ft^2)	尺寸 (mm)

室内净面积
（包括太阳室）

室内净面积
（不含太阳室）

建筑面积

单元类型 LW1–3

（面积基于LW2）

楼层	房间类型	面积 (m^2)	面积 (ft^2)	尺寸 (mm)

室内净面积
（包括太阳室）

室内净面积
（不含太阳室）

建筑面积

吉尔福德(Guildford)实例分析

早在2003年，萨里郡委员会(Surrey County council)就邀请零能耗工作室（ZEDfactory）展示零能耗方案如何实现与传统建造方法相同的居住价值。本案例表明，地方政府可以通过在出让土地资产据投标文件中，提供零能耗规范要求，实现最高的价值。

常规方案

概述

常规方案设计共98个单元：

12个单身公寓和86个两房公寓。

这个开发计划同时包括3537m²的商业面积和149个车位。

没有室外的私家花园（见右图）。

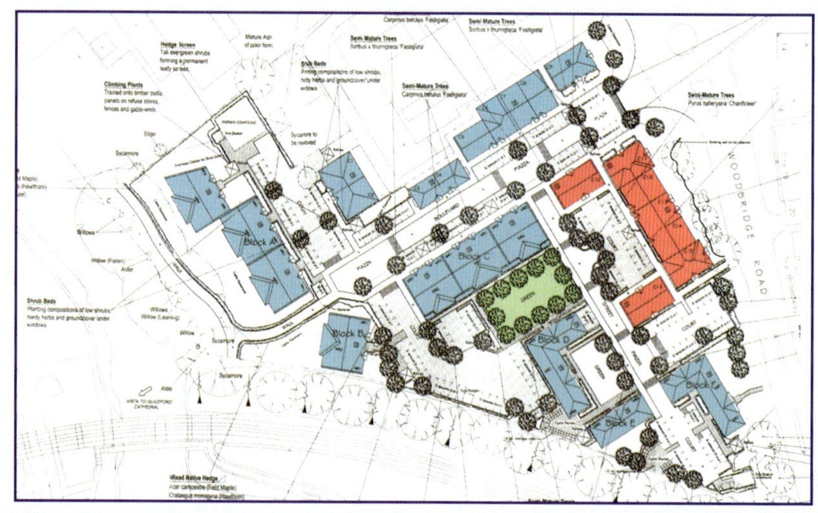

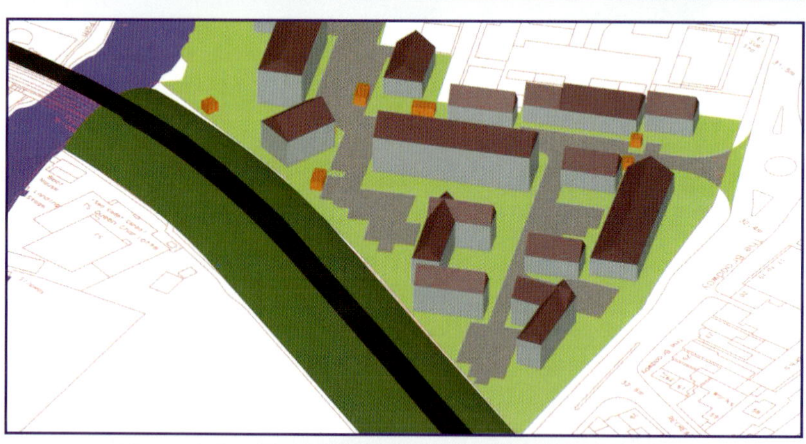

上图 大量的研究表明常规方案提供充足的自行车停车位（橙色）和停车场（灰色），但几乎没有可利用的室外或社区空间而且完全没有私人的绿化空间。

上图 传统方案的平面图表明它缺少向阳面，而且没有可以用于社区活动做中心区域。

中图 独立街区的立面通常缺乏创意，并且几乎没有变化。

下图 沿基地附近主要道路的立面——坡屋顶，无向阳面的3层街区。

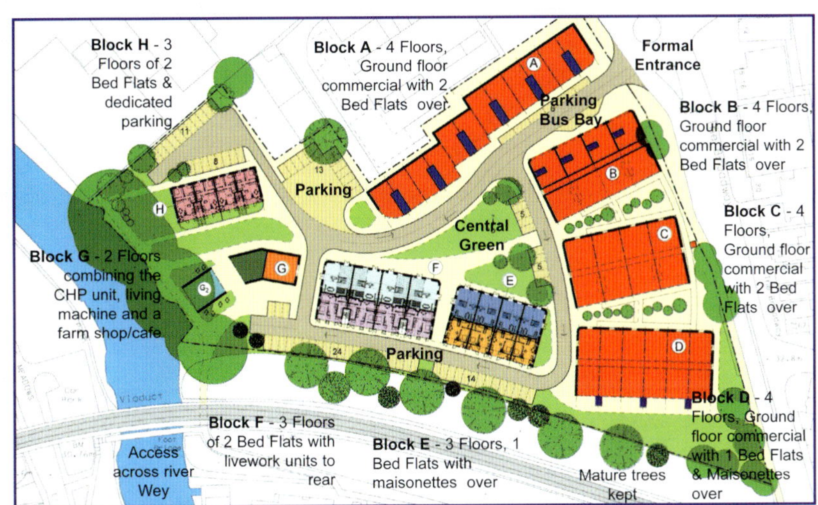

零能耗方案概述

同样的基地如果采用零能耗方案共有126个单元：

20个单身公寓，96个两房公寓，和10个三房的两层独立公寓。

这个开发方案同时包括4181m²的商业面积，86个车位（其中的10个属于汽车合用组织，可以代替30～50个私家车），还有共2029m²的私人室外绿化空间（户均16m²）。

零能耗方案平面图包括8个街区，编号为A到H：

- A～D是混合使用的；
- E、F和H是住宅建筑；
- G/G2用来放置生活基建设备，热电联产设备，社区的商店和咖啡店；
- 所有的商业单元都位于底层且靠近主要道路。

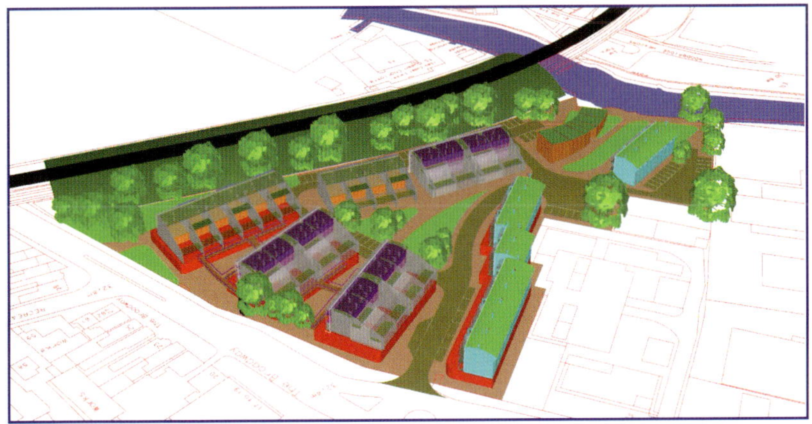

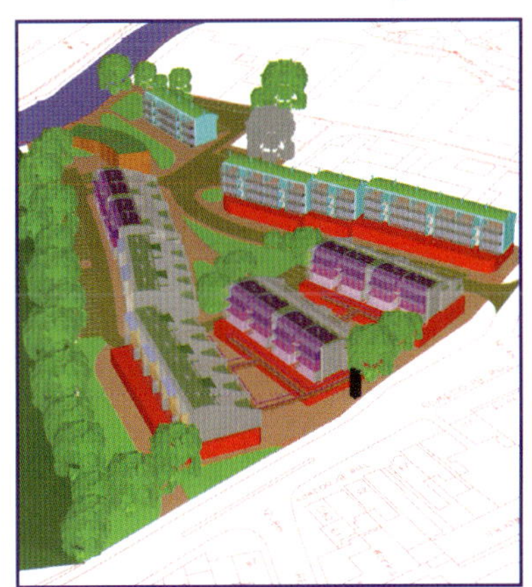

上图 零能耗方案的体量研究可以看出它遍布空中花园、屋顶绿化，并且还有一些日照充沛的公共绿化空间。

下图 立面图表示的建筑在住宅下面安置商业建筑（A～D）。

上图 南向的阳光室并不需要严格按照直线排列。

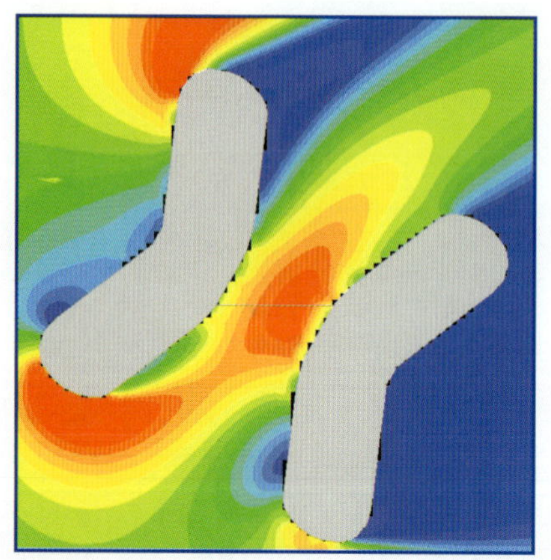

上图 贝特·麦卡锡(Battle McCarthy)为SkyZED项目而进行的关于空气动力学的计算机分析(CPD)，显示如何在城市中使用风能发动机提供可再生能源的。这个服务是ZED基地能源选项范围内的一部分。

零能耗评估软件系统

零能耗评估软件系统首先应用于项目的可行性论证阶段，在然后进行的详细规划过程中，可以监测所有的设计变动，最后，还可以在工程施工阶段进行成本控制。基于所选择的零能耗标准及标准房屋类型，零能耗评估系统可以计算出任何开发过程中的剩余土地价值和利润率。通过已知的建设成本和零能耗作品的组合，批量建造商已经准确算出建造标准房屋类型的费用。

整体说来，零能耗产品的建造工具包提供包括安装的价格信息。这些价格按构件分项的原则逐条列出，从中清楚地知道每个窗户、门和楼板的价格。因此，就可以在安装公司的估价范围内变更构件数量，吸引不同的批量折扣。

该软件的核心公式已经经过论证，对于任何开发项目来说，要做的就是输入少量的信息以提供确实的总体特征。对于任何基于标准房屋类型的ZED设计，只要几个很少的数据便可以完成评估表。评估表的结果包括每平方米造价和总造价，也包括剩余土地价值和利润。零能耗评估器可以用30min完成传统预算师几天的工作。

其他的优势是：

- 它是完全通过审核并核心的；
- 使当地主管理部门可以了解在实现最大价值的情况下开发商提供的建筑；
- 通过每英尺的可比较收益可帮助地产代理评估预先得出售价；
- 给业主/开发者提供了一个土地的投标预期；
- 可以迅速将零能耗设计项目与常规方案进行比较，从而估算出为了补偿较高的零能耗标准而可能需要的规划劳动（见第9页）。
- 零能耗产品绿色标准的设置可以分项开可关，取决于当地主管理部门可以接受的计划利润的范围。

上图 零能耗设计的城市化——达到了与伦敦Soho区相同的居住和工作密度，并提供了运动场、雨水湖、一个商业购物中心的同时保障CO_2的年排放量为零。

右图 如图所示通过开放审计的方法，热电联产机组在一定的建筑密度下的性价比是可行的。

零能耗评估器如何工作

零能耗评估器（ZEDestimator）是一种一步到位的概预算系统，只要有了基本的项目开发数据，它就可以计算出标准的零能耗设计（ZEDinaBOX）的价格。零能耗评估器使用起来非常方便，操作者需要做的只是输入项目单元的数量和相关升级选项，剩下的工作就可以全部交给软件了。

零能耗评估器的软件基于一系列预先设定好零能耗产品包，这些产品安装包涵盖了建立一个零能耗建筑所需要的所有产品（ZEDproducts）。每个软件包都被分解为相应单元的实际组成元素，例如脚手架，安全网等。如果某种单元的数目增加了，那么最后价格是依据此种单元所需实际元件的价格来预算而不是根据每平方米的平均造价。

这一原则适用于从A到Z的所有产品。系统根据两个方面的数据来计算所需的每种产品的总量。第一个方面是标准化零能耗设计（ZEDinaBOX）单元的数量。第二个方面是每种单元的典型产品的规格描述。在可行性研究阶段，这种描述使用的是默认状态下的数据。只有在这之后，设计进一步细化并能反映出更详尽的当地条件时，我们才得以调整这些规格数据，使软件真正成为强有力的造价控制工具。

系统可以将大量的折扣计算在最终价格中，一般要求每个制造商都给出一个最大的折扣率。这些折扣基于产品或现金流的数量，反映出订单的规模，从中看出成本的削减。然后，零能耗评估器根据用户输入的标准化零能耗设计（ZEDinaBox）单元数所需要的特定产品数量，自动选用正确的折扣率。这样的话，每平米建造成本将会取决于开发的规模，随着开发规模的增大，这一指标则逐渐呈下降趋势。

输入的调查表应该尽可能简单并有条理，从结构上来说，它由5个部分组成。规格选择只发生在零能耗升级（ZEDupgrade）选项。软件的基本模型已经内置了诸如超保温、二层中空玻璃之类规格选项。同时，系统也知道，当你输入一个D1公寓时，通常也意味着有一个D3两层独立公寓和一个LW2商住公寓。因此，用户需要做的就是输入D1/D3的数目。

由于城市规划以及基地情况的不同，何处断开联排住宅，加山墙分隔，是方案中的可变项。零能耗评估器ZEDestimator会计算出一个山墙需要的窗户，墙体面积，金属条以及土方挖掘量，然后系统会把计算的结果分配到ZED产品的工作模块中。因此，用户只需要输入山墙的数量，剩下的就可以由软件去处理。

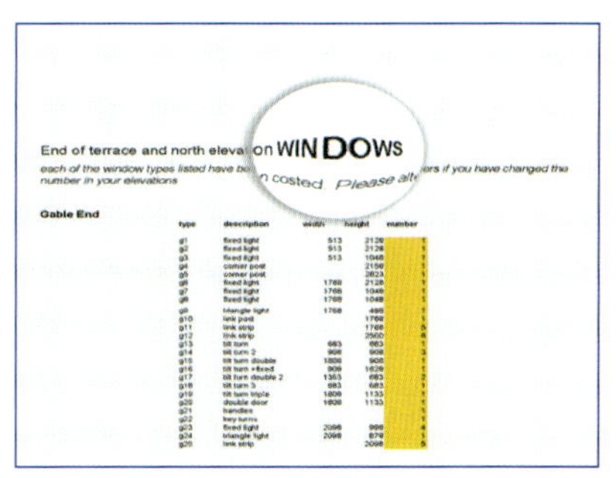

上图　山墙窗户的修正明细表

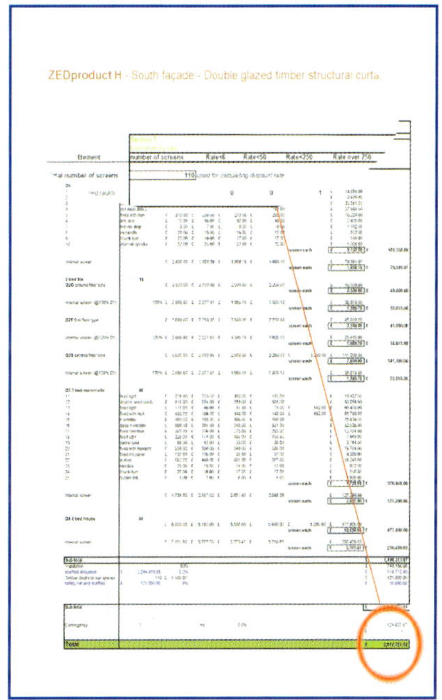

上图　遮阳太阳能电池玻璃窗声音损失表

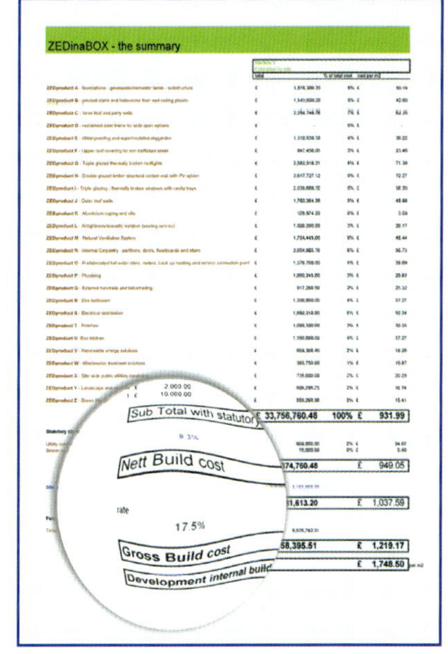

上图　整体预算的摘要表

调查篇

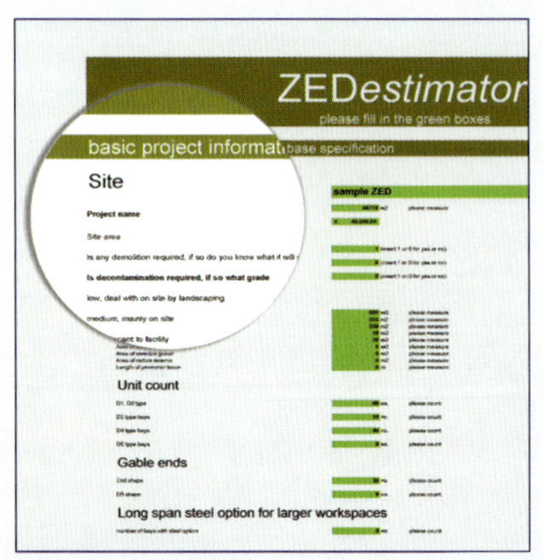

上图 基地规划信息

1．概念方案所需的基本项目信息

基地情况——大小、拆迁、排污、景观；
单元数量——基地内每个标准住宅的单元数量；
山墙数量——断开联排住宅的山墙数量；
长向跨度——决定大型多功能工作隔间的钢结构跨度。

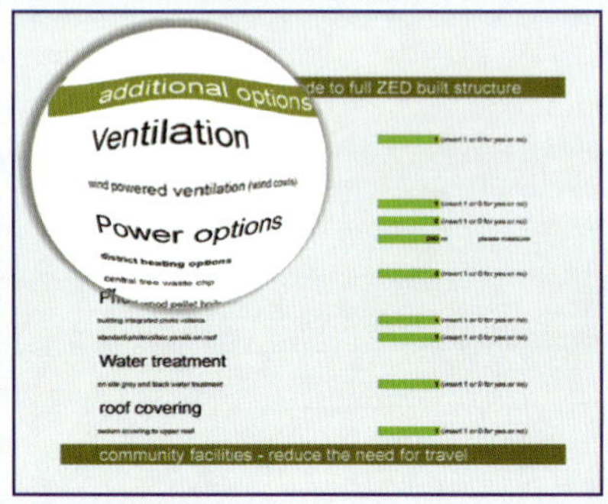

上图 升级到ZED

2．升级到完全零能耗ZED 标准的附加选项

通风——此项目是否使用了通风帽和换气扇；
家用热水供应——热电联产，中央锅炉，还是联排锅炉；
是否采用太阳能发电设施？如果有采用何种方案？
中水、废水是否在基地内处理？
是否通过景天植物绿化屋顶系统提供野生动植物生活环境？

3．社区设施

选择以下生活福利设施：
小型足球场地——亦可作为开放空间；
体育运动馆——可进行社区集会活动和体育运动；
多用途健身房——对于很多高密度住区可能需要此类正式空间；
托儿所——每满一百户的住区必须具备的设施；
公共酒吧——由居民经营的类似私人俱乐部的场所，以非正式和经济的方式方便邻里交往。

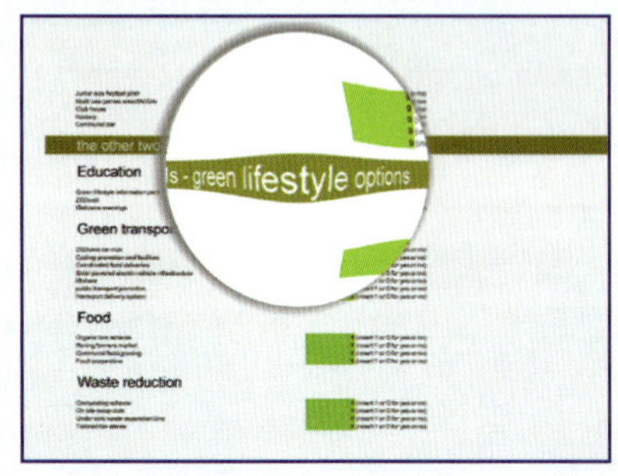

上图 ZED生活方式

4．绿色生活方式——另外的2/3

选择如下服务：
教育——广受欢迎的晚间聚会和社区站点；
绿色交通计划——可选择汽车俱乐部和低环境影响交通方式；
递送服务——完全避免出行；
食物——管理本地社区食物采购组织以及本地食物的种植；
减少垃圾——堆肥、循环再生、旧货交换、合理封装垃圾贮存箱。

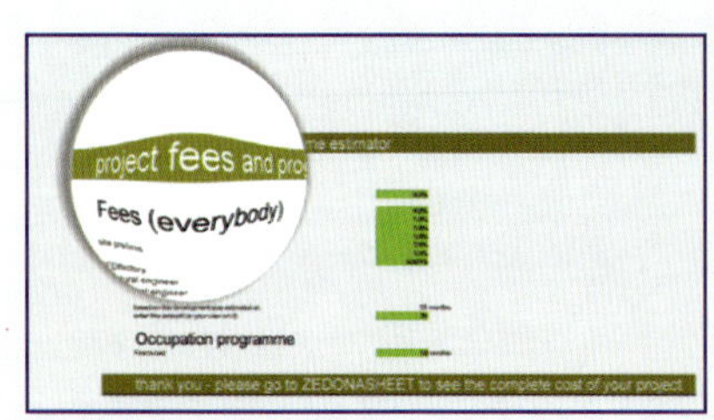

上图 所有费用

5．费用

我们认为，所有的开发实体最关注的就是最后产生的“所见即所得”价格。因此我们将所有实现项目必须的费用合并在一起，其中，将承建商的利润和预计土地获利并为一个部分。这样做希望将成本的争论从利润保护中解放出来。传统上按投入比例分成的利益团体往往一味强调项目成本，目的是为了增加己方蛋糕的份额，我们要努力克服这种趋势，并建议，除了标准回报之外，额外的利润由各方共享。这样做，是为了调动起每个人的积极性，让大家都来控制和降低成本，因为只有实现了目标成本，才能从剩余部分中得到回报。

输出结果

系统最终将会输出两种造价指标和两种费率指标。

这之中最重要的很可能就是开发总造价（all—inclusive development cost）这一指标。它包括了全部的项目成本。通过这一数据，我们可以知道开发某一项目所要投入的资金总量。由开发总造价得出的每平米建造成本（square metre build—rate），则与建筑内部使用面积相关联，这一指标也是住宅协会和房地产经纪人所要求提供的。

另外两个指标则是外部总造价（gross external cost）和单位建造成本（gross external build—rate），他们通常是作为参照项，方便与承包商与工料检验员（quantity surveyors）提出的相应数据对比。研究表明，在这两套数据之间经常发生混淆。特别是在项目刚开始的时候。在开发评估软件系统中，使用的是整个项目总的每平米建造成本这个指标。

开发评估
留下多少钱买地？

开发评估软件系统可以计算出总销售收入，然后减去完成（建设）成本和利润（通常为造价的20%～23%），剩下的钱就是用来购买土地的款项，也就是“剩余土地价值”。

项目的销售收入与当地住宅市场的具体情况有关。当前价格一般由当地不动产代理商提供，我们也可以从网上供应商（例如www.altheagents.com）那里获取当地的价格列表。至少与3个有开盘经验的代理商实质性地接触后，我们就可能估计出每平方英尺（这里通常用的是英制单位）的售价。因为代理商往往乐于进行市场调查。这些信息将详细写入标书作为账目索引。

进行开发评估，首先需要输入开发项目中每一种单元的数量和大小，以及从零能耗评估器中得出每平方英尺售价和建设成本。然后，软件会自动计算出每个单元的销售价格，20%的利润，最后剩下的部分用于土地。另外，一些额外的成本包括产品销售以及土地费用，如印花税和营销成本，在软件中也都予以充分考虑。

要计算需要增加的密度（为了填补增加的建造成本而需要增加的销售单元），我们采用另一种评估方式，运用建造规范来最小化建设成本。在与当地代理商合作的情况下，更多地采用通常的售价，而不是提高的零能耗住宅售价。

当土地价值上升到相当的水平后，我们就可以减少单元的数量。这时，可以得出增加的密度。这些数据可以帮助当地政府确定规划条例和106章协议。

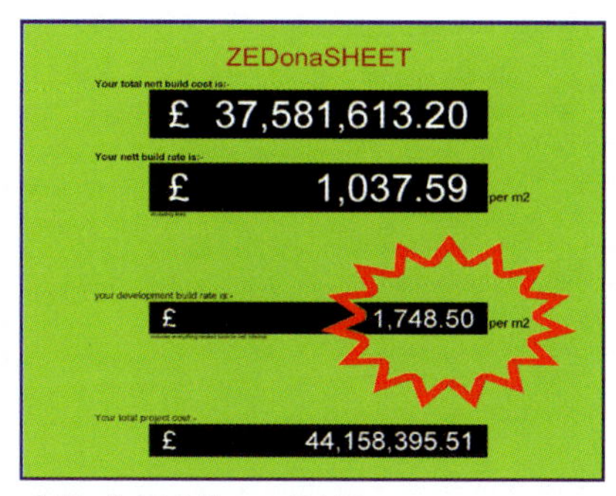

上图 你得到的……的总和

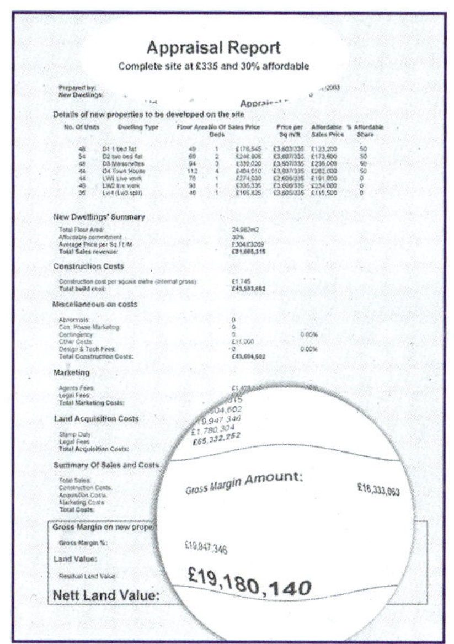

Appraisal Report
Complete site at £335 and 30% affordable

Prepared by:
New Dwellings:

Details of new properties to be developed on the site

No. Of Units	Dwelling Type	Floor Area	No Of Beds	Sales Price	Price per Sq m/ft	Affordable Sales Price	% Affordable Share
48	D1 1 bed flat	49	1	£176,545	£3,603/335	£123,200	50
54	D2 two bed flat	69	2	£248,906	£3,607/335	£173,600	50
48	D3 Maisonettes	94	3	£339,020	£3,607/335	£236,000	50
44	D4 Town House	112	4	£404,010	£3,607/335	£282,000	50
44	LW1 Live work	76	1	£274,030	£3,606/335	£191,000	0
46	LW2 live work	93	1	£335,335	£3,606/335	£234,000	0
36	Lw4 (Lw3 split)	46	1	£165,825	£3,605/335	£115,500	0

New Dwellings' Summary
Total Floor Area: 24,962m2
Affordable commitment: 30%
Average Price per Sq Ft/M: £304/£3269
Total Sales revenue: £81,665,315

Construction Costs
Construction cost per square metre (internal gross): £1,745
Total build cost: £43,593,682

Miscellaneous on costs
Abnormals: 0
Con. Phase Marketing: 0
Contingency: 0 0.00%
Other Costs: £11,000
Design & Tech Fees: 0 0.00%
Total Construction Costs: £43,604,682

Marketing
Agents Fees: [illegible]
Legal Fees: [illegible]
Total Marketing Costs: [illegible]

Land Acquisition Costs
Stamp Duty
Legal Fees
Total Acquisition Costs

Summary Of Sales and Costs
Total Sales
Construction Costs
Acquisition Costs
Marketing Costs
Total Costs:
[illegible]04,602
[illegible]9,947,346
£1,780,304
£65,332,252

Gross Margin on new prope[illegible]
Gross Margin %:
Land Value:
Residual Land Value
Nett Land Value:

Gross Margin Amount: £16,333,063
£19,947,346
£19,180,140

上图 针对ZED的评价图

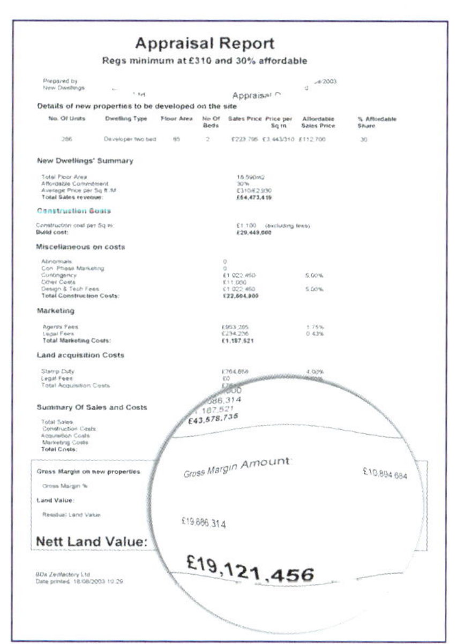

Appraisal Report
Regs minimum at £310 and 30% affordable

Prepared by
New Dwellings

Details of new properties to be developed on the site

No. Of Units	Dwelling Type	Floor Area	No Of Beds	Sales Price	Price per Sq m	Affordable Sales Price	% Affordable Share
286	Developer two bed	65	2	£223,795	£3,443/310	£112,700	30

New Dwellings' Summary
Total Floor Area: 18,590m2
Affordable Commitment: 30%
Average Price per Sq ft/M: £310/£2,930
Total Sales revenue: £64,473,419

Construction Costs
Construction cost per Sq m: £1,100 (excluding fees)
Build cost: £20,449,000

Miscellaneous on costs
Abnormals: 0
Con. Phase Marketing: 0
Contingency: £1,022,450 5.00%
Other Costs: £11,000
Design & Tech Fees: £1,022,450 5.00%
Total Construction Costs: £22,504,900

Marketing
Agents Fees: £953,285 1.75%
Legal Fees: £234,236 0.43%
Total Marketing Costs: £1,187,521

Land acquisition Costs
Stamp Duty: £764,868 4.00%
Legal Fees: £0
Total Acquisition Costs: [illegible]

Summary Of Sales and Costs
Total Sales
Construction Costs
Acquisition Costs
Marketing Costs
Total Costs:
[illegible]000
[illegible]886,314
[illegible]187,521
£43,578,736

Gross Margin on new properties
Gross Margin %
Land Value:
Residual Land Value
Nett Land Value:

Gross Margin Amount: £10,894,684
£19,886,314
£19,121,456

BDa Zedfactory Ltd
Date printed: 18/08/2003 10:29

上图 通过在英国的实践，基本上可以在土地价格不变的情况下，实现房屋售价的8%增长，12%的密度增加，从而实现60%的净利润增长。

经济适用房额度

在评估软件中还有一个选项，即提供经济适用房的比例，需要达到的标准则根据地方政府的要求。对此最好的理解就是，将有一定比例的住宅以经济型市场价出售，而不是以开放的市场价，其购买者通常是RSL。与开放的市场价格相同，经济型住宅售价必须由当地专业的经济适用房代理商提供，但这一过程现在还值得商榷。允许RSL资金购买新产业的规则是由经济适用房基金根据位置和产业类型确定的。它根据当地的出租率，确定一定范围内不同售价的比例。这样的话，RSL就有很大的灵活性来筹款达到实际的报价。通常情况下，经济适用房售价在市场价格的70%左右。

Details of new properties to be developed on the site

No. Of Units	Dwelling Type	Floor Area	No Of Beds	Sales Price	Price per Sq m/ft	Affordable Sales Price	% Affordable Share
48	D1 1 bed flat	49	1	£176,545	£3,603/335	£123,200	50
54	D2 two bed flat	69	2	£248,905	£3,607/335	£173,600	50
48	D3 Maisonettes	94	3	£339,020	£3,607/335	£238,000	50
44	D4 Town House	112	4	£404,010	£3,607/335	£282,000	50
44	LW1 Live work	76	1	£274,030	£3,606/335	£191,000	0
48	LW2 live work	93	1	£335,335	£3,606/335	£234,000	0
36	Lw4 (Lw3 split)	46	1	£165,825	£3,605/335	£115,500	0

New Dwellings' Summary

Total Floor Area:	24,982m2
Affordable commitment.	30%
Average Price per Sq Ft:/M	£304/£3269
Total Sales revenue:	**£81,665,315**

根据面积，最后销售价格以及开发的计划和规模，在经济适用房售价高于建造成本的情况下，利润可能有，也可能没有。任何比例的经济适用房都将减少土地的剩余价值，因为建造成本相同，销售利润却在减小，而开发商利润和土地价值正来自于此。通常情况下，开发商利润都是固定的，因此，土地价值将会降低。

与土地所有者合资

标准的开发评估会告诉开发商最后竞标土地的资金，以便确保开发后其所获得的利润率。在这里，土地对于开发商来说是某种注资行为，所以他们必须做好相应的计划，使土地所有者的"实物"投资可以获得回报。

Example (not based on previous example)

Calculation at outset

a.	Realisation costs	£9,199,920
b.	Predicted sales revenue	£14,562,600
c.	Sales depressed by 10%	£13,106,340
d.	20% profit on realisation	£1,839,984
e.	Virtual residual land value (c-a-d)	£2,066,436

Calculation at out turn

g.	out turn realisation cost	£10,000,000
h.	out turn sales revenue	£15,200,000
i.	20% on realisation	£2,000,000
j.	overage (h-g-i-e)	£1,133,564

Final divvy

Landowner (60% of j+e)	£2,746,574 (33% profit on original land value)
Developer (cash supply) (30% of j+l+g)	£12,340,069 (23% profit on cash invested)
Consultants (10% of j) *	£113,356

这样做的方法，将可以在项目开始时，根据大致建造成本、预计销售收入和开发商20%的标准利润，将土地的有效价值加以固定。在这种情况下开发商更像一个放债者，他将会提供资金以便完成整个项目。为了要保证开发商20%的利润率，最初评估中所做的预计销售收入将会压低10%左右，具体取决于面积。

从预计压低的销售收入中去除建成成本和在其基础上20%的回报，我们就可以得出土地的有效价值。

在项目完成时，通过对剩余部分的分配，总造价其实控制了实际的利润分配。这时候，真实的造价来自于实际销售收入。此外，再除去实际造价的20%计入开发商利润以及去掉最初土地价值。剩余部分将分别分配到开发商和土地所有者名下。

剩余部分的分配百分比应该在开始时候就根据各方所担风险商定好。在上面的例子里，开发商的风险较低，原因是土地的价值在不断波动以便保证开发商的投资可以得到计划中20%的利润率。因此，他们在剩余部分所获取的比例较小。而如果他们的计划利润率较低或相对于固定的土地价值上下波动，那么他们在剩余部分所占的分配比例将较高。如果土地的所有权是多重的，即它有不止一个所有权人，那么各个所有权人将按照面积得到相应的回报。

零能耗工作室(ZEDfactory)的注册用户可以在www.zedfactory.com网站有偿使用ZEDdstimator。这些费用将用于补偿软件研发的巨额资金投入。

另外，还可以每天选择与零能耗工作室工作人员的咨询会议。

3 技术设计要点

3 技术设计要点

3.1 章节简介

完成对场地的评价并有一个初步的设计方案后，下一步就是进行深化设计。如果你已经选择使用零能耗ZED标准房屋类型，那么很多的工作都已经成型了，但不可避免还需要一些额外的、针对基地的资料和设计决定。

本章将针对下列问题提供指导：

- 对所选方案进行深化设计，对生活便利设施（学校、医院、交通、商店）和将作为零能耗ZED开发一部分的工作区域（办公室、生活和工作单元、轻工业）提供详细的总体规划方案（参见第3.2节）。
- 零能耗建筑ZEDs中的零碳策略。建筑基本的物理模型将和机电系统地联合起来阐释（参见第3.3节）。
- 零能耗ZED的性能标准满足经济适用房基金标准开发配量（SDS）（参见第3.4节）、建筑规范和其他标准。

下图 在肯特郡（Kent）的Ashford设计的零能耗区总平面。具有高密度的中心区，多层次的生活福利设施，并与周边环境、特色地标形成良好关系，如铁道和开放绿地。

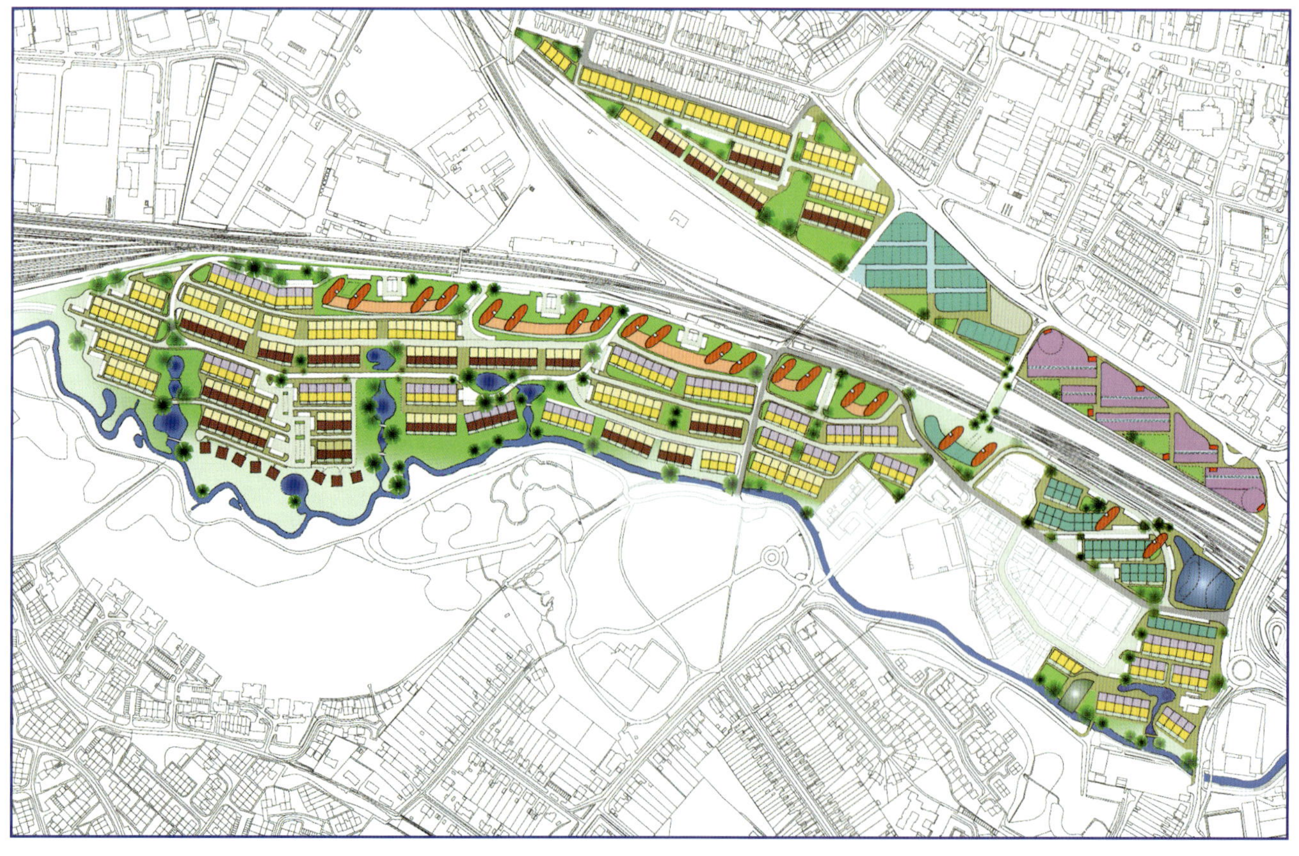

3.2 深化总体规划

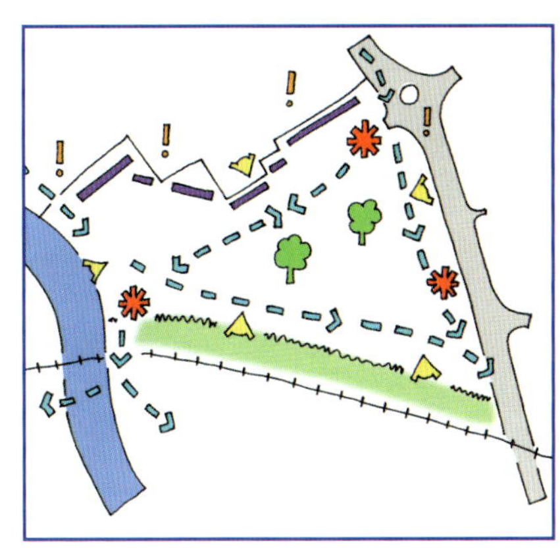

上图 规划空间序列，使景观、荒凉的边界、交通节点、主要道路和商店的入口、步行道路、通向基地和河边的环形通道结合在一起。

用第2章里提出的方法得出一个大概的总平面，这个方案主要基于对整个开发区内的居住、商业和办公建筑密度和能源运用观点的粗略估计而建立。

在前期设计规划中，合作者也需要决定应该提供的生活福利设施。ZED方法提供了社区活动的设施，例如医生的诊疗室、幼儿园、运动场馆等，这些活动设施都可以被容纳在相对较小的基地。例如，BedZED项目在1.65hm²的用地内，除82户低层住宅和2500m²的低层办公区外，还包括了所有这些生活便利设施。

在较大基地或是社区需要，可能要求增加医院、学校这样的配套设施，也有可能在周边社区原来已经存在。第24页的图展示了如何将附加的设施成功地整合到一个可持续发展中去，同时保持适宜的人体尺度和小镇风貌。其他的深化设计主要考虑：

- 采暖和电力的能源供应方式取决于社区全部的能源需求。附属的学校可能应该采用像热电联产（CHP）的方式，而不是一个公用的生物燃料锅炉。对于学校或是生活/工作单元来说，当白天和晚上的使用负荷相平衡，热电联产设备是最好的选择。
- 理解和分析人们使用社区的方式。定义“空间序列”，可以提升社区的社会性，例如，步行道路不仅意味着安全，而且方便使用。零能耗设计ZEDs鼓励减少汽车的使用，如果从开始就考虑到设计中，人们就会发现不需用车。同时，有组织的汽车合用计划，网络递送服务和本地农产品商店也是一些减少汽车依赖的方法。如果不考虑这些，社区将难以承受过多的车辆，而且浪费计划节省的二氧化碳排放量。
- 详细的住宅和办公平面——见第54～69页

高质量的设计

好的设计是得到正确的总体深化的另一个重要部分。虽然“设计的质量”是主观概念，但正如CABE（建筑和环境委员会）手册中所言，在许多方面有一些共识，包括：

- 使建筑物成为周围环境的补充。这并不意味着要抄袭传统建筑，而是使新建筑与之和谐。例如，在零能耗设计ZEDs中，使用任何可以利用的当地材料来做覆面（例如，当地的砖、粉刷和木质覆面）。

上图　通过采用加气混凝土内壁加300mm厚的空腔和本地外墙材料（如砖或护墙板），实现了蓄热结构。

- 景观有助于在视觉上将独立的建筑联系起来，并使他们融入环境中。设计合理而且容易接近的绿色空间，不论是公共的还是私人空间，都能使人们得到放松并享受环境。零能耗设计ZEDs就是要增加可利用的绿色空间并保持地区的生物多样性。
- 合适的比例和开发项目的类型创造出一种“视觉和感知”的效果，提升了周边的环境品质。

3.3 零能耗策略

零能耗开发（ZED）是英国针对从根本上减少CO_2排放和致力于其他紧迫的可持续发展问题的挑战而作出的建设性的响应。零能耗（ZED）的策略是：

- 减少能量需求，尽可能做到大部分乃至全部选用可再生能源。
- 为减少机动车依赖的生活方式进行设计，方法是在基地内开发不同的多功能区，并提倡汽车合用组织和电动车。
- 最大限度地使用当地的、可再生和回收的材料和低内含能源的材料。
- 通过在基地内收集雨水和循环使用中水/废水，减少市政管网水的消耗。
- 建设并鼓励“绿色生活方式”服务，例如再循环和现场堆肥，协调可持续发展资源产品和当地有机食品的输送的垃圾收集等。

为了达到这些目标，零能耗设计ZED组合运用蓄热物质和建筑技术来防止热量流失。BedZED已经监控了一年多，读表数据显示，它的采暖需求仅为按英国1995年规范建造的住宅的12%（或按2000年规范建造住宅的27%）。这个12%的供热需求可以通过由足够多的朝南窗户获取的太阳辐射和由人们烹饪和使用热水时所产生的热量的组合来供给，这样就不再需要额外的供热系统（如集中供热），从而减少了总的能源需求。

上面的示意图有助于阐明隐含在深化设计后面的概念。第一个图概述了零能耗ZED建筑是怎样减少能量消耗的，而第二个图详细说明基地内与水的储存和再利用设备安装在一起的可再生能源发生装置。在下面的文章中，有关的零能耗产品（ZEDproducts）对此进行了强调（见第58页开始的零能耗产品清单）。

3.3.1 减少能源使用——零供热标准

在建筑中，用户的许多需求都可以以自然的方式获得，而不需要求助于复杂的和昂贵的系统。运用先进的工程分析技术软件，这些需求可以得到完全的理解、预测和设计，从而收到最佳的效果。下图是一个典型的零能耗ZED住宅横剖面。它以图解的方式表示了各个设计元素。

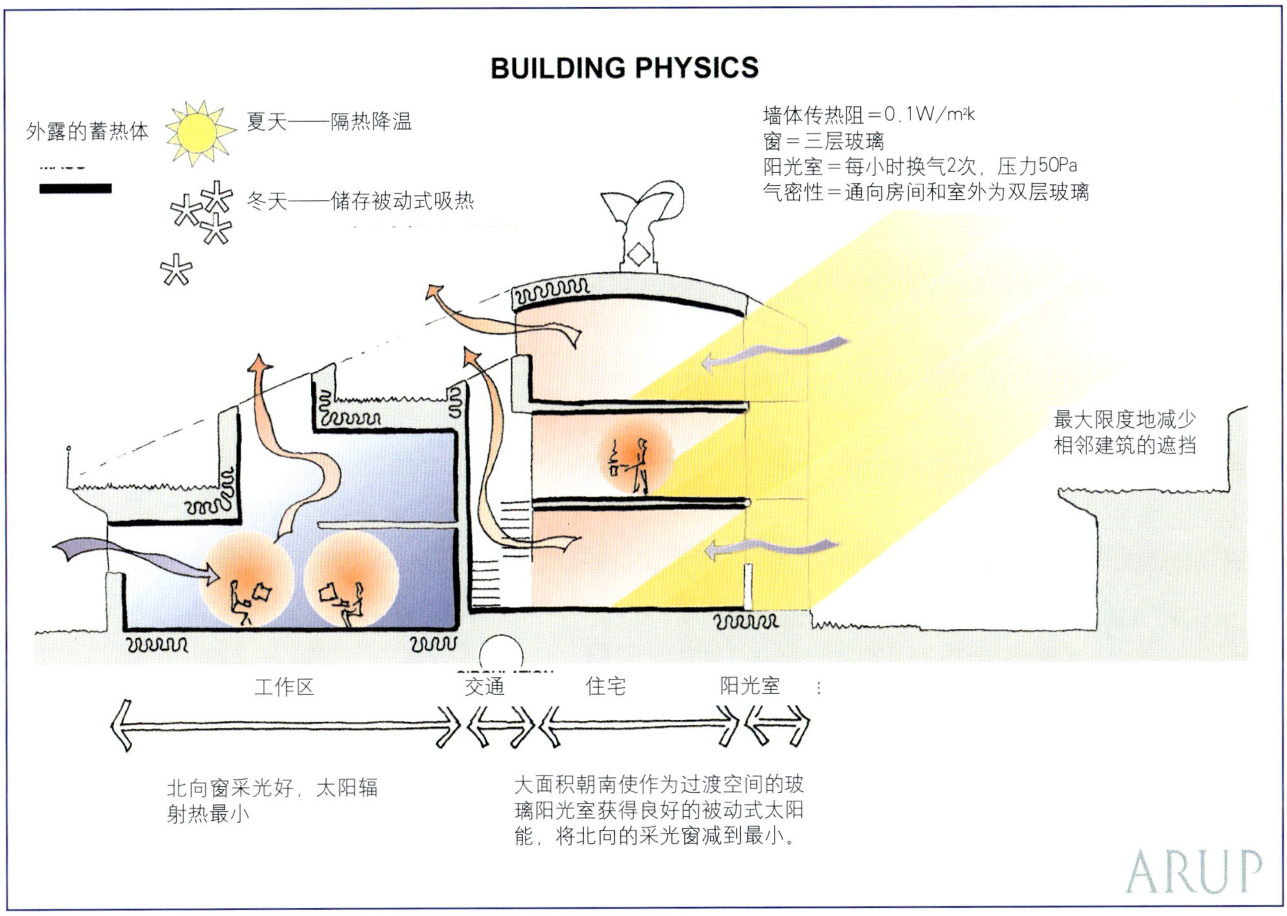

BUILDING PHYSICS

外露的蓄热体

夏天——隔热降温

冬天——储存被动式吸热

墙体传热阻＝0.1W/m²k
窗＝三层玻璃
阳光室＝每小时换气2次，压力50Pa
气密性＝通向房间和室外为双层玻璃

最大限度地减少相邻建筑的遮挡

工作区　交通　住宅　阳光室

北向窗采光好，太阳辐射热最小

大面积朝南使作为过渡空间的玻璃阳光室获得良好的被动式太阳能，将北向的采光窗减到最小。

ARUP

上图　本图出自Arup的Chris Twinn，示意建筑的构造和使用者如何解决大部分的采暖需求。

被动式设计方法

零能耗建筑运用蓄热结构技术，可以使建筑做到冬暖夏凉（ZED产品B、C、E）。这种结构会存储相当数量的低等级热能，在需要时释放，特别是清晨，可以避免启动时需要的热量。它通过大面积裸露的高蓄热房间表面来实现，当房间温度开始升高，墙面自动吸热，而当温度降低时，墙面就放热，还可以通过窗户的启闭来进行补充。

朝向

要最大限度地减少相邻建筑的遮挡以争取最多的日照和太阳能。建筑物需要有大量的朝南面，以获得更多的太阳辐射。北向的窗户给工作间提供了很好的自然光和最小的太阳辐射热。建筑朝向应该在正南向20° 以内，以获得充足的太阳能。

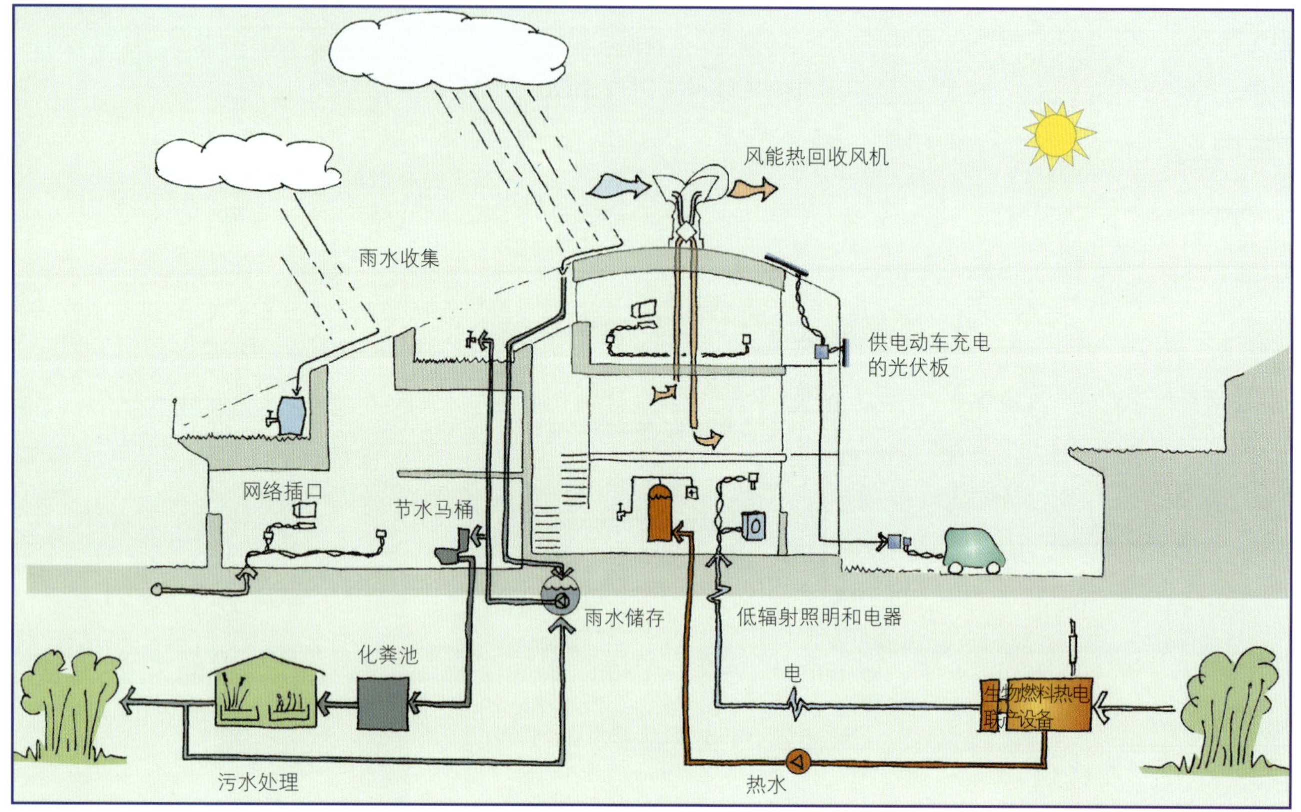

上图　本图出自Arup的Chris Twinn，解释了零能耗方法的完全自然性——热和电的需求、节水方法、生活方式这几个要素共同参与，减少CO_2排放。

高性能窗户及其保温

窗户是三层或两层的玻璃窗（丹麦制造），性能很好。之所以需要安装它们，是因为在夏季，南面的轻质构造因没有隔热而变得过热，而冬季，它不能把晴天的热能存储下来供阴天使用。

每个零能耗建筑都应该在外墙、顶棚和地板上都使用300mm厚的保温材料。窗户需要高度保温、气密性好，确保被动式热回收和采集有效进行[ZED产品G.H.I.J.L]。

被动式热回收通风系统

在BedZED，通过风帽向所有主要空间提供通风[ZED产品M]。

3.3.2 使用可再生能源

电和热水

每个零能耗建筑可选择一系列完整的可再生能源，这意味着建筑能够通过城市树木的残枝、太阳能收集器、光电转换器、碎木和风力涡轮机来获得自己所需的所有电能、热能，而以上几方面可以与建筑整合起来。

生物质燃料驱动的热电联产（CHP）

在BedZED，130kW容量的小型CHP机组（ZED产品V）以城市里的树木残枝为燃料，通过把树枝切碎、干燥并提供给一台气化锅炉。

与国家电网输出/输入的连接满足了恒定的CHP电能输出与需求变化相匹配。CHP生产恒定的热量，很难满足季节性波动的建筑热量需求。因为建筑物不需要供热了，所以我们只用CHP来提供家用热水。每天总的需求量在全年都是相对恒定的。只是在某些时候，家用热水需求量变动很大，这时需要其他形式的热贮备。在BedZED，我们在每个居住/办公场所通过大型家用热水筒这种简单、低成本的方式来满足，这样CHP能不时地向其中慢慢地补充。

随着ZED的发展，在某个时候，我们可以向国家电网输出多余的能量，有时输入一些来满足用电高峰负荷，但是在典型的一年，向大气中总的碳排放是零。

上图 在BedZED中，光伏板组合到天窗和南立面统一考虑。

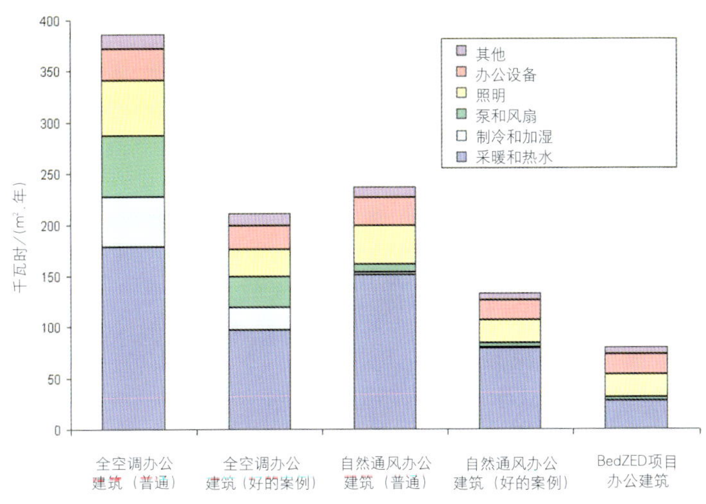

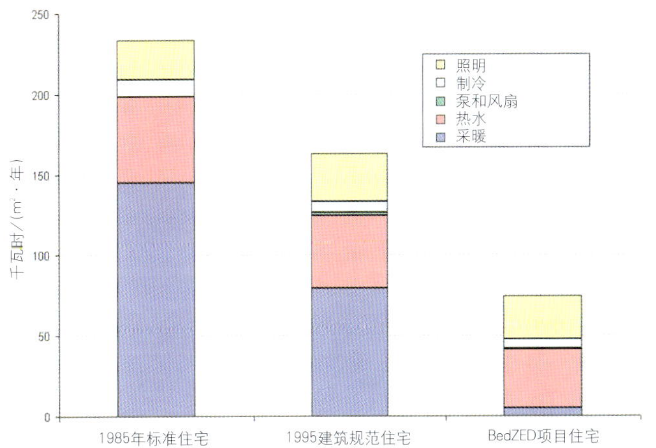

左图 图表表示不同房屋类型和各种办公类型的能耗。BedZED在最右侧。

上图 位于唐开斯特（Doncaster）的地球中心项目（the Earth Centre）的会议中心，结合了数项零能耗能源策略——使用纵轴风力涡轮机、带季节性调节蓄水装置的太阳能热水系统、被动式热回收风机。

光伏电板

光伏电板（PVs）通常加在零能耗建筑屋顶上，在BedZED，它为基地内的电动车充电（ZED产品H.Z）。

有时光伏电板被镶嵌在顶层的一些窗户里，在阳光室留下斑点阴影。

在BedZED安装的109kW容量光伏电板可以为40辆每年行驶一万英里的电动车提供一年多的可再生电能。考虑到汽车里太阳能取代燃料，最少的成本回收年限是15年。

3.3.3 保护水资源

在BedZED使用的城市可持续排水系统（SUDS）由市政工程师设计实施，它与生化处理器的设计及总体节水战略相联系。

实际上，设计这些系统是为了缓和人们日益增加的用水需求量，可以使当地水资源得以可持续利用。这种方法的优势在于：

- 保证水中污染物减少；
- 使居民能够用落在居民区的雨水来冲厕所和灌溉。

雨水通过零能耗建筑ZED的屋顶来收集，作为中水储藏并代替清水来冲厕所、浇花园[ZED产品A.E.F.R]。污水（废水）在基地内通过一个化粪池和生化处理器（ZED产品W）处理，并代替主要生活用水来冲洗、灌溉以及清洗设施等等，主要生活用水仍用作饮用水。

3.3.4 一个地球的生活方式

尽可能地采用更环保、更友好的生活方式，有助于减少人们的能源需求（见第1页的ZED轮状图）。零能耗设计正是为了尽可能简单地实现这种生活方式。无论在什么地方，ZED开发都应该包括一个农产品商店，店中存放的当地有机食品是由太阳能电动车运送的。

同时，还包括一个使用电力燃气混合动力车的汽车合用组织，居家办公者使用的电信中心、用城市树木残枝为原料的热电联产设备、社区堆肥项目、儿童保育处和共用的体育设施。

把这些方面整合到整个发展当中，零能耗设计就可以避免成为仅用于宣传的“绿色标签”方案。

3.4 达到零能耗性能标准

全新的性能标准

对于零能耗标准房屋类型的使用已经在第2章详细介绍了。目前已有房屋类型的数据表和相关图纸在第30、31页和第44～51页给出。

这些标准房屋类型经过经济适用房机构和经济适用房基金的审查，并且符合设计开发标准（SDS）所有的基本要求和大部分的“推荐条款”。标准的房屋类型尤其在环境性能方面表现出色，可以说为这一领域树立了新的标准，超出了最新的和正被提议的建筑规范的要求。

这表明：任何一个ZED方案，如果按照设计说明建造，将从一开始就达到设计开发标准（SDS）所规定的详细而精确的所有要求。这样可以节省大量时间，避免在设计完成后甚至已经开工建成后再对方案作任何不必要的修改来满足设计开发标准（SDS）的相关规定和要求。

生态足迹对照表

下面的图表说明了不同的生活方式对每个人所需的生态足迹的影响。每一个导致碳排放的要素都被列在图表顶部，而生活方式的类型中只列出我们在这个星球上所能使用的东西。

图表：英国生活方式所需的生态足迹（hm^2/人）

（基于四口之家计算）

		汽车英里数	汽车所有权（制造、维修、公路设施）	公共交通	空中旅行	电力，燃气	水	生活垃圾	办公消耗生态足迹（能源、纸张）	食品（包括运输，不含包装）	总生态足迹
典型英国生活方式	拥有汽车 每年乘飞机度假 废品回收率11% 食用反季食品，精包装，进口食品	0.90 10,000 km/年	0.41	0.00	0.30	0.45 22,500 kWh 电&气	0.002 140L/年	1.70	0.80 不用可再生能源，使用白纸	1.63	**6.19**
在BedZED用传统生活方式	拥有汽车 乘公交车上下班 每年乘飞机度假 废品回收率60% 适度肉食&部分进口食品	0.45 5,000 km/年	0.32	0.30 4,000km/年	0.30	0.10 树木残枝热电联产设备，包括垃圾填埋处	0.001 91L/年	1.02	0.80 不用可再生能源，使用白纸	1.06	**4.36**
BedZED创意生活方式	工作生活都在BedZED 再生办公用纸 没有私人汽车（汽车合用组织成员） 每2年乘飞机度假 家庭废品回收率80% 低肉制品饮食，食用本地新鲜食品	0.09 1,000 km/年	0.04 20人/年	0.30 4,000km/年	0.15	0.10 树木残枝热电联产设备，包括垃圾填埋处，移动燃木热电联产设备	0.001 91L/年	0.34	0.16 办公循环用纸方案	0.72	**1.90**
全球平均											**2.40**
全球可用	为野生动物预留10%生物多样的土地										**1.90**

上图 从街面看ZED in a Box单元一排住宅的南向阳光室，还可以看到通向二层跃层公寓入口的室外楼梯。

3.5 标准房屋类型(打包的零能耗设计项目ZED in a Box)

介绍

下面的几页提供了零能耗ZED标准房屋类型的方案实例（单元尺寸见第26、27页）。它们可以作为经济适用房机构及其他单位和个人建造可持续发展建筑的模板和范例。

这些房屋类型依照住宅公司设计开发标准（SDS）以及其他相关标准（见下页表）设计并已通过评审。

目前的标准房屋类型包括：

D1 底层，一居室公寓

D2 底层，二居室公寓

D3 二层，三居室跃层公寓

D4 四居室联排住宅

D5 1～3层的一块，二居室公寓

LW1 位于一层和夹层的一居室生活/工作单元（4个可居住房间）

LW2 位于一层和夹层的一居室生活/工作单元（5个可居住房间）

LW3 位于一层和夹层的二居室生活/工作单元（6个可居住房间）

下图 ZED in a Box单元的一条小巷鸟瞰，左侧是通向跃层公寓的楼梯，右侧是小店顶上的屋顶花园。

对本书提到的所有房屋类型的鉴定

标准与规范	是否达到	说明
建筑规范	☑	已超出电力、燃料守恒要求(2002年L1篇)
SDS设计开发标准	☑	经房产公司审查没有不符合SDS规定之处
生态家园指标系统	☑	在舒适度方面大大超越了现有的大部分地方的住宅
(HQI)房屋质量指标	☑	单元大小得分由平面图得出
房屋适应性	☑	灵活适应多种需要
好房屋的标准	☑	
SUDS可持续发展的城市排水系统	☑	
国家住宅联合会(NHF)质量标准	☐	目前正在通过审查
伦敦城市能源策略(2003年4月起草)	☑	第五条政策规定每个区在2010年以前必须建成一个碳零排放的项目
住宅区	☑	
健康的室内环境	☑	
无障碍住宅设计指南	☐	许多特性都作为标准被采用。电梯和轮椅升降平台可以安装在几种不同的标准户型中。与住宅协会共同协作进一步优化设计
安全性设计	☐	使用了多种技术措施来保证住宅的安全性，例如门达到英国建筑标准PAS24-1：1999标准（有五重锁并通过警方测试认证）；但是确实有些措施是与零能耗可持续发展社区的设计理念相悖的，例如闭路电视系统和长长的社区围栏

下图　从街面看一个零能耗方案的小巷，花园露台位于商店顶部，面对着图左边的住宅。

3.6 ZED in a Box图纸

3.6.1 剖轴测图(前部和后部)

上图 从前面看，这个典型的单元展示了如何进入南向住宅单元的入口，以及太阳能立面是如何普及到所有的零能耗ZED户型中。

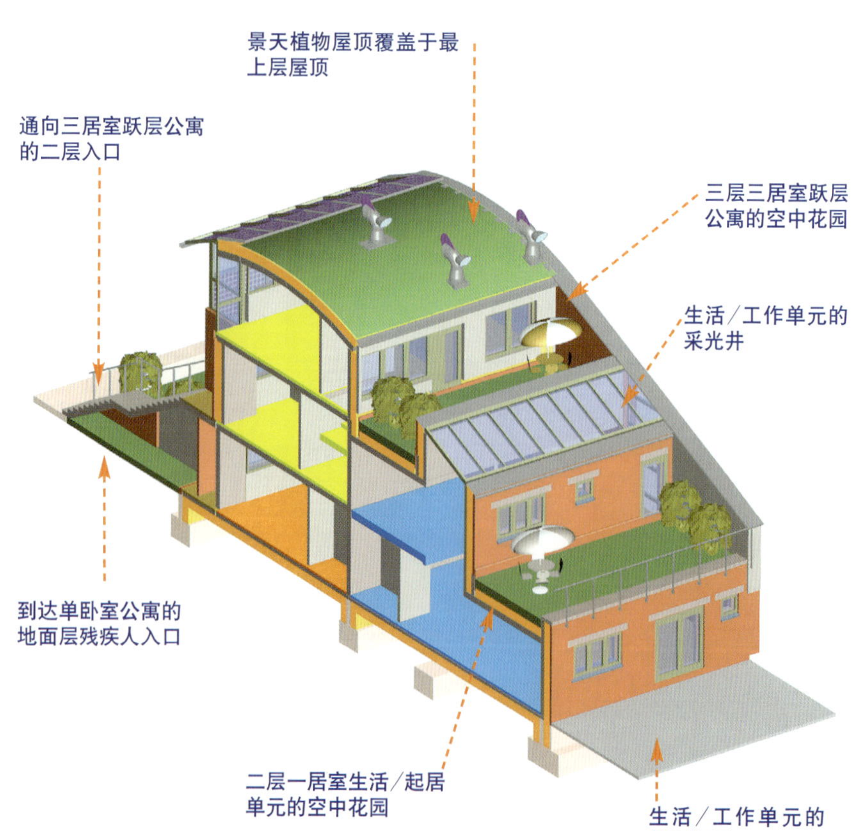

右图 从后面看，这个典型的单元展示了内部工作空间与上部空中花园的关系。三种单元户型用桔色、黄色和蓝色表示。

3.6.2 立面处理

上图 一个零能耗区的南立面，使用ZED in a Box标准户型(这里看到的是单元户型01及03)。在可持续发展的城市景观中，零能耗住宅，通过它的下部生活/工作单元的采光井分隔开的北露台空中花园，可以证明其有着非常舒适的住宅设施。

下图 北立面反映了生活/工作单元各种各样的用途——他们可以是纯的住宅单元，也可以是办公空间或者店铺(见左侧)，这为街道形态提供了多样性和灵活性。

3.6.3 东(西) 立面与典型aa剖面

上图 标准户型单元的典型东西山墙剖面，表示出北面的商业街和南向的居住空间。

右图 单元户型5的剖面图，这个没有北面工作空间的双重形式建筑，可以满足零能耗单元和建筑类型的灵活性，而在零能耗开发中引入多样的城市空间及美学是十分重要的。

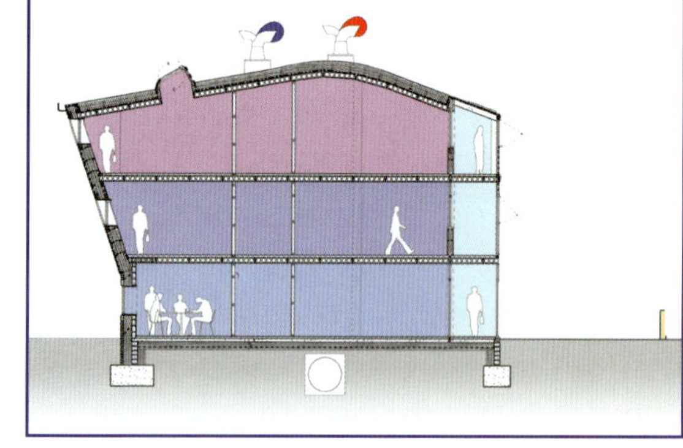

下图 标准户型单元的典型东西山墙剖面表示出户型内部居住/工作空间的结合。

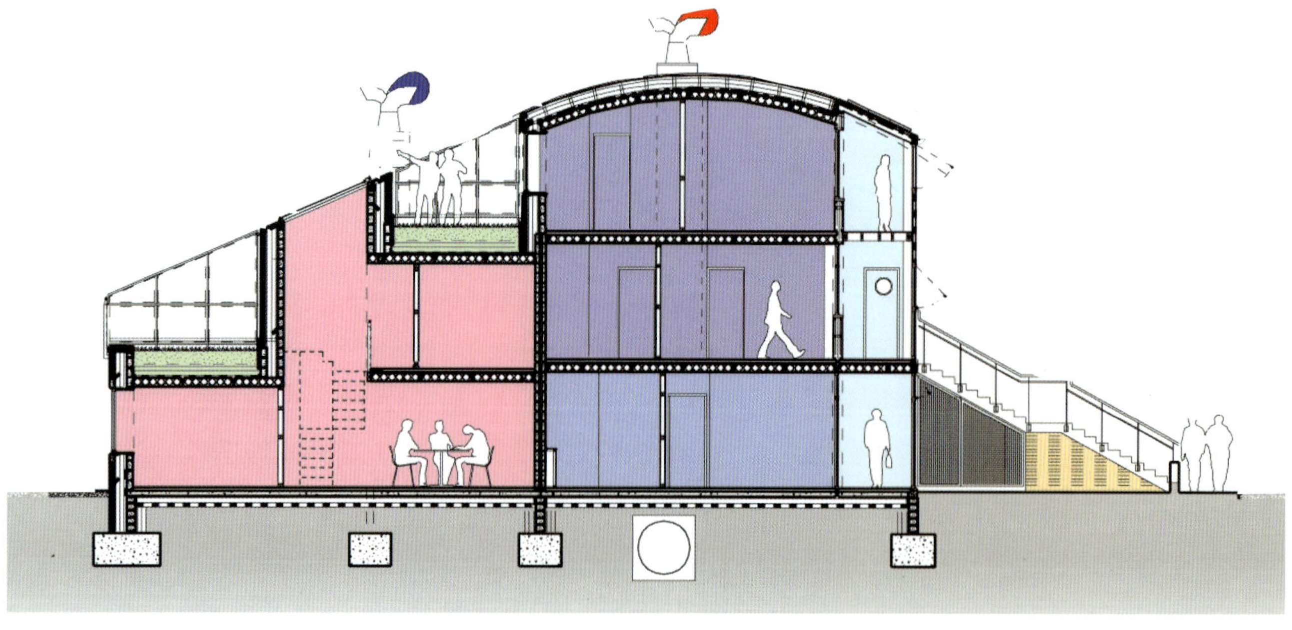

3.6.4 北&南立面　UT05东立面

上图　4联排UTD1&　UTD3单元的典型北立面，北面有6个生活/工作单元，可作为居住、商业或工作类型的单元。

中图　典型UTD1、UTD3的南立面，表示通向二层跃层公寓入口的楼梯，以及到一居室公寓的底层入口。

下图　双重形式UT05的东西山墙立面。

概述

此单元位于三居室跃层公寓UT03下方，南面与街道直接相连。该单元最适合夫妻及首次购房者，因为有大花园及储藏室。

单元尺寸

总尺寸	6800mm x 7200mm **64m²**

房间尺寸／面积

起居室	3770mm x 3380mm **13m²**
厨房／餐厅	2890mm x 3390mm **12m²**
卧室	3080mm x 3950mm **12m²**

注：

储藏室也可放置洗衣机，以隔绝噪声对起居空间的影响。

此单元可改造为：将门厅移到卧室，扩大卫生间方便残疾人进入。

根据住宅使用寿命标准，卫生间与双人房之间可以增加电梯。

注：本图中所示的各层平面图设计版权归BillDunster零能耗工厂所有。所有的面积和比例根据单位页提供。零能耗工厂保留修改图中设计的解释权。尺寸在印刷过程中已经校正并且将版权捐赠给本书。

一层公寓平面
一室，二人

生活／工作单元

底层公寓平面
二室，四人

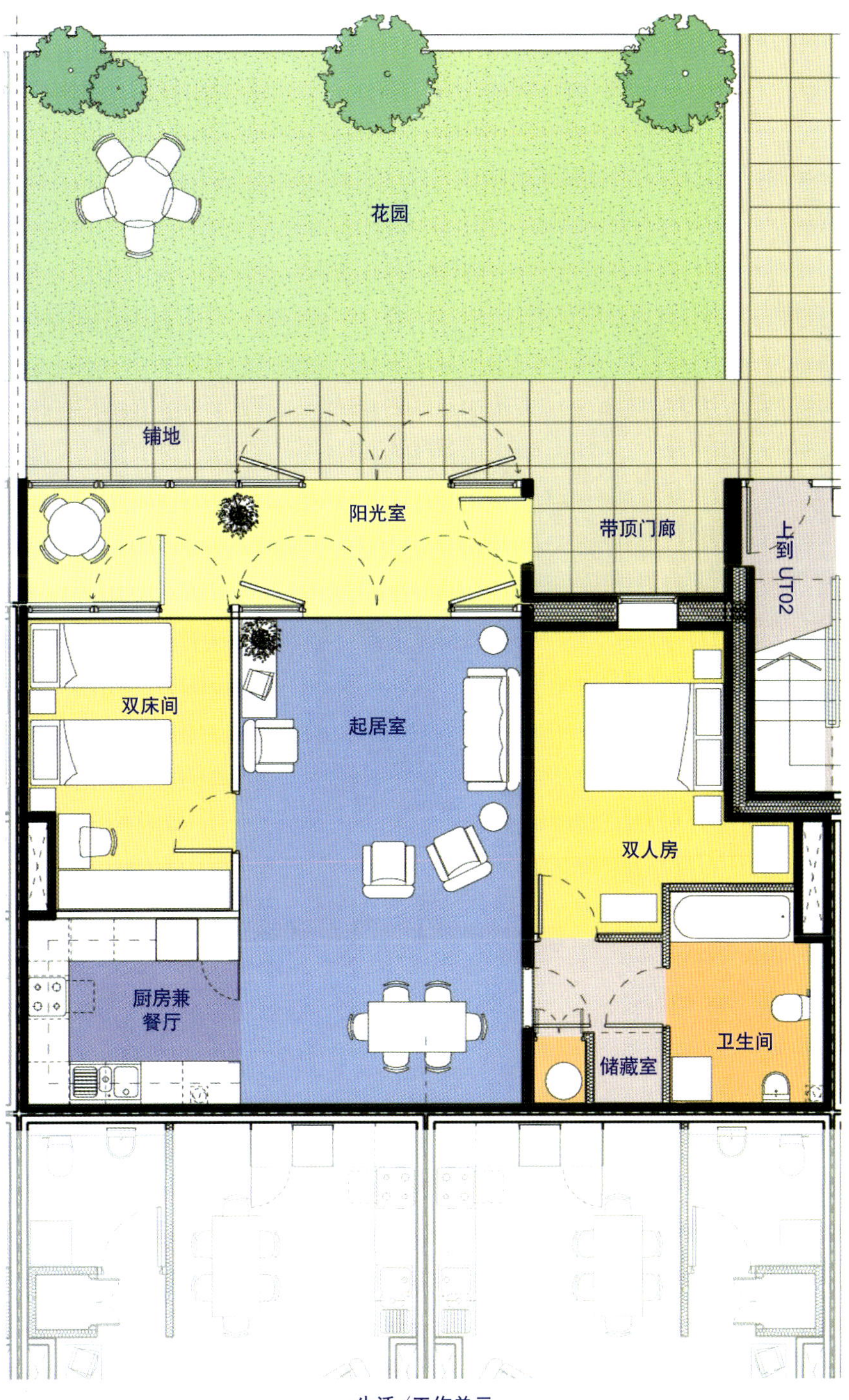

生活/工作单元

概述

此单元类型为二室公寓，底层进入。其上面还有两个类似的公寓，通过公用的楼梯间进入。该单元大小可满足四个人居住。

单元尺寸

整体尺寸	7200mm x 9200mm 99m²

房间尺寸/面积

起居室兼餐厅	4060mm x 6780mm 27m²
厨房	3040mm x 2690mm 8m²
双人房	2770mmx3700mm 12m²
双床间	2910 x 4080 11m²

注：

此单元有通向楼上公寓的独立入口及带顶门廊。

当该单元单向布置时，使用采光管把自然光引入厨房和卫生间。

二层公寓平面
二室，四人

概述

此公寓与下面单元相似但没有花园，不过宽大的阳光室和阳台弥补了不足。厨房和卫生间通过采光管采光。

单元尺寸

整体尺寸	7200mm x 9200mm 99m²

房间尺寸／面积

起居室兼餐厅	4060mm x 6780mm 27m²
厨房	3040mm x 2690mm 8m²
双人房	2770mm x 3700mm 12m²
双床间	2910mm x 4080mm 11m²

注：

此单元进入主要阳光室前有一个门厅。

需要的话，主卧室可以通过隔间与卫生间相连。

储藏室的前室部分足以容纳一个洗衣机。

此单元在阳光室前有一个大阳台，用以代替花园。

生活／工作单元

三层公寓平面

二室，四人

概述

此单元与楼下单元相似，但增加了一个空中花园（下为办公空间）。通向下面的采光管的井道在北侧墙上。

单元尺寸

整体尺寸	7200mm x 9200mm 99m²

房间尺寸／面积

起居室兼餐厅	4060mm x 6780mm 27m²
厨房	3040mm x 2690mm 8m²
双人房	2770mm x 3700mm 12m²
双床间	2910mm x 4080mm 11m²

注：

南向的阳光房、空中花园以及起居室都可以敞开，这样在夏天时可形成一个大的起居空间。

注：本图中所示的各层平面图设计版权归BillDunster零能耗工厂所有。所有的面积和比例根据单位页提供。零能耗工厂保留修改图中设计的解释权。尺寸在印刷过程中已经校正并且将版权捐赠给本书。

概述

此单元可以从南面街道经室外楼梯进入，与邻居共用带顶门廊。起居空间设在三层，卧室和储藏室设在二层。

单元尺寸

整体尺寸　6800mm x 7000mm
129m²

房间尺寸／面积

双人房　2700mmx4400mm
13m²

双床间　2530mm x 5040mm
12m²

注：

楼梯间通过上部采光，采光管把自然光引入卫生间。

注：本图中所示的各层平面图设计版权归BillDunster零能耗工厂所有，所有的面积和比例根据单位页提供，零能耗工厂保留修改图中设计的解释权，尺寸在印刷过程中已经校正并且将版权捐赠给本书。

跃层公寓（二层进入）
三室，五人

二层平面

门廊
阳光房
双人房
走廊
双床间
卫生间
储藏室

生活／工作单元

跃层公寓（二层进入）：三室，五人

三层平面

ZED in a box
range of standard house types

概述

此楼层为楼下卧室的起居空间，如果不需要该层的卧室，它可被调整为更大的起居空间。建筑屋面的斜角有利于北向的空中花园获得阳光（不同于传统的北向花园，往往处在建筑物阴影中）。

单元尺寸

整体尺寸	6800mm x 7000mm 129m²

房间尺寸／面积

起居室	4320mm x 3560mm 15m²
厨房兼餐厅	3280mm x 3200mm 10m²
卧室	2230mm x 2660mm 8m²

注：

由于是五人单元，此层需要设置淋浴间。走廊成为花园到起居室的空气阀。

D4

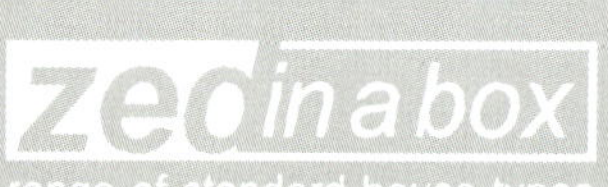

概述

此单元为大而灵活的家庭联排别墅，共3层楼面，两个花园（一个在底层，另一个在三层），同时有许多储藏空间。

单元尺寸

整体尺寸 6800mm x 6300mm
152 m²

房间尺寸／面积

起居室 5460mm x 3190mm
15m²

厨房兼餐厅 3110mm x 4040mm
12m²

注：

楼梯下的厕所最大限度地利用了空间。入口与邻居合用，但为了私密性可在两者之间设置一个屏风。

注：本图中所示的各层平面图设计版权归BillDunster零能耗工厂所有。所有的面积和比例根据单位页提供。零能耗工厂保留修改图中设计的解释权。尺寸在印刷过程中已经校正并且将版权捐赠给本书。

联排住宅
四室，六人

底层平面

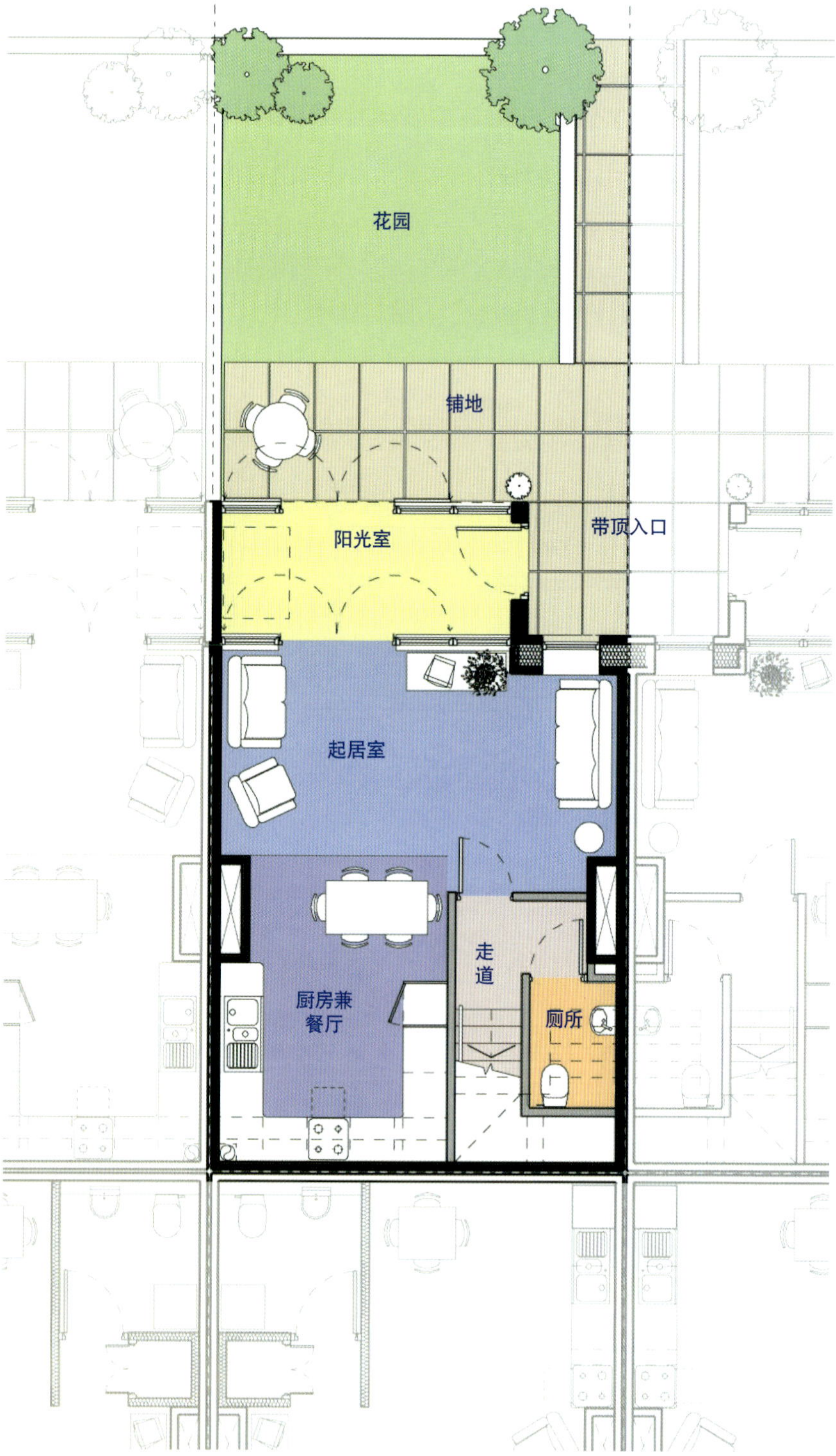

花园
铺地
阳光室
带顶入口
起居室
走道
厨房兼餐厅
厕所

生活／工作单元

联排别墅
四室，六人

二层平面

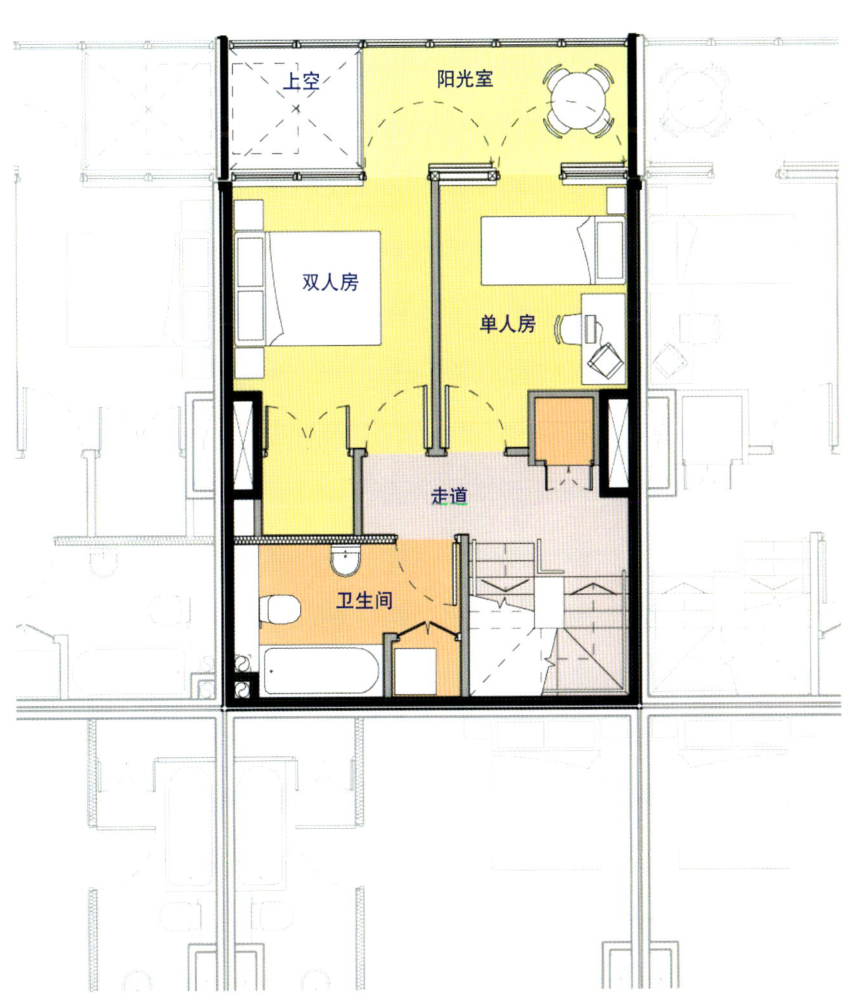

生活/工作单元

zedinabox
range of standard house types

概述

这是联排别墅的第二层，设有主要卧室和供整个单元使用的卫生间。

单元尺寸

整体尺寸	6800mm x 6300mm **152m²**

房间尺寸/ 面积

双人卧室	2720mm x 3460mm **11m²**
单人卧室	2600mm x 2720mm **8m²**

注：

在卫生间内为洗衣机设一个壁橱，其上方为储藏空间。

zed in a box
range of standard house types

概述

毗邻图中所示卧室，此单元拥有一个与底层花园相似的空中花园。

单元尺寸

整体尺寸	6800mm x 6300mm 152m²

房间尺寸／面积

双单人卧室	2660mm x 4360mm 11m²
单人卧室	2660mm x 3410mm 8m²

注：

考虑到此单元多人使用的可能性，该层设置了淋浴间。

联排住宅
四室，六人

三层平面

底层平面（两个朝向）
两室，四人

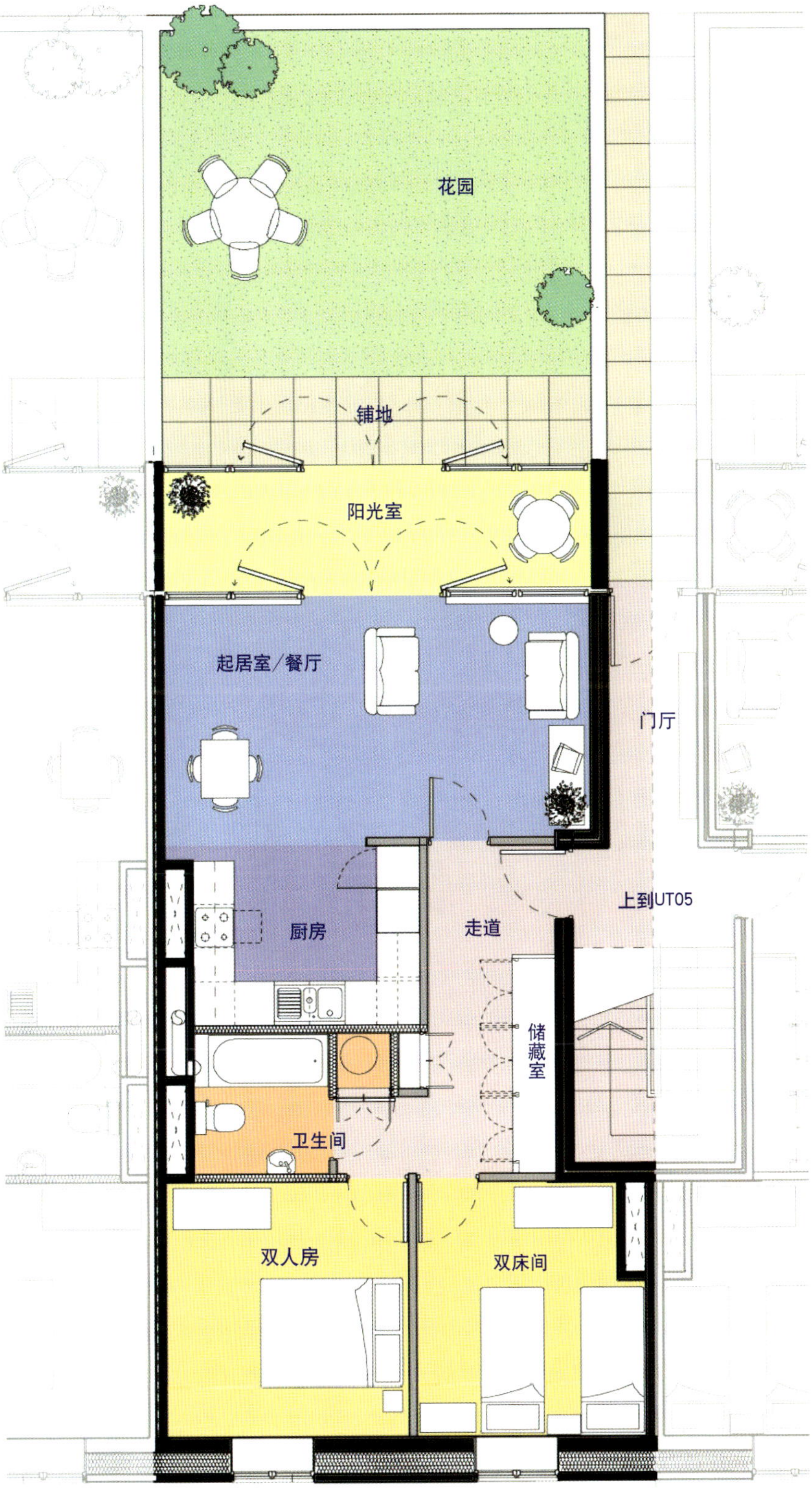

花园
铺地
阳光室
起居室/餐厅
门厅
厨房
走道
上到UT05
储藏室
卫生间
双人房
双床间

概述

UT05是多层两室公寓，没有朝北工作间的卧房（与UT02相同），因此有两个朝向，在设计上可以根据位置灵活布置。

单元尺寸

整体尺寸	10800mmx6800mm 98m²

房间尺寸/面积

起居室	5500mmx5000mm 20m²
厨房	3200mmx2450mm 7m²
双人房	5750x3400 12m²
双床间	3300mmx3850mm 11m²

注：

如果需要，双人房与卫生间之间可增加电梯。

注：本图中所示的各层平面图设计版权归BillDunster零能耗工厂所有。所有的面积和比例根据单位页提供，零能耗工厂保留修改图中设计的解释权，尺寸在印刷过程中已经校正并且将版权捐赠给本书。

D5

ZED in a box
range of standard house types

概述

这一层没有花园，但有一个宽大的朝南阳台。在门厅处有一个大储藏室。

单元尺寸

整体尺寸	10800mmx6800mm 98m²

房间尺寸/面积

起居室	5500mmx5000mm 20m²
厨房	3200mmx2450mm 7m²
双人房	5750mmx3400mm 12m²
双床间	3300mmx3850mm 11m²

注：

如果需要，双人房与卫生间之间可增加电梯。

二层平面（两个朝向）

两室，四人

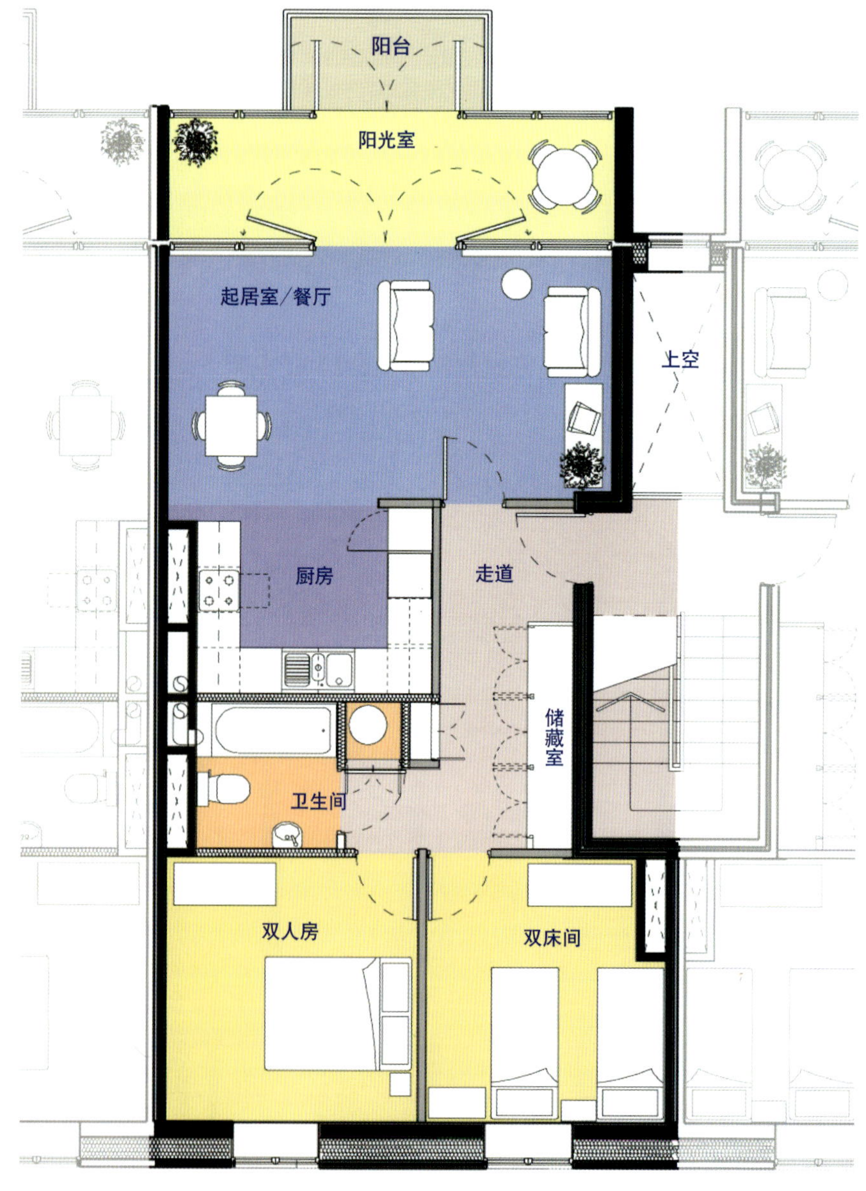

三层平面（两个朝向）
两室，四人

概述

该单元没有花园，但有一个北向阳台，当然，阳光室可以作为起居室的延伸。

单元尺寸

整体尺寸	10800mmx6800mm 98m²

房间尺寸/面积

起居室	5500mmx5000mm 20m²
厨房	3200mmx2450mm 7m²
双人房	5750mmx3400mm 12m²
双床间	3300mmx3850mm 11m²

注：

如果需要，双人房已经隔间到卫生间。

该单元北面设一阳台，通向两间卧室。

LW 1

zed in a box
range of standard house types

居住/工作单元

一室，二人

底层平面

概述

这种居住/工作单元位于4室联排别墅的后面。它可以以各种方式配置（见下一页），这里是作为一个两室公寓。一个卧室在底层，另一个在夹层。起居室位于采光井下方。

单元尺寸

整体尺寸	6800mmx9500mm **97m²**

房间尺寸/面积

厨房/餐厅	3500mmx2980mm **10m²**
双床间	3980mmx3570mm **14m²**

注：

基地内的社会福利住房供应不包括这种居住/工作单元。

注：本图中所示的各层平面图设计版权归BillDunster零能耗工厂所有。所有的面积和比例根据单位页提供，零能耗工厂保留修改图中设计的解释权，尺寸在印刷过程中已经校正并且将版权捐赠给本书。

居住/工作单元
一室，二人

夹层平面

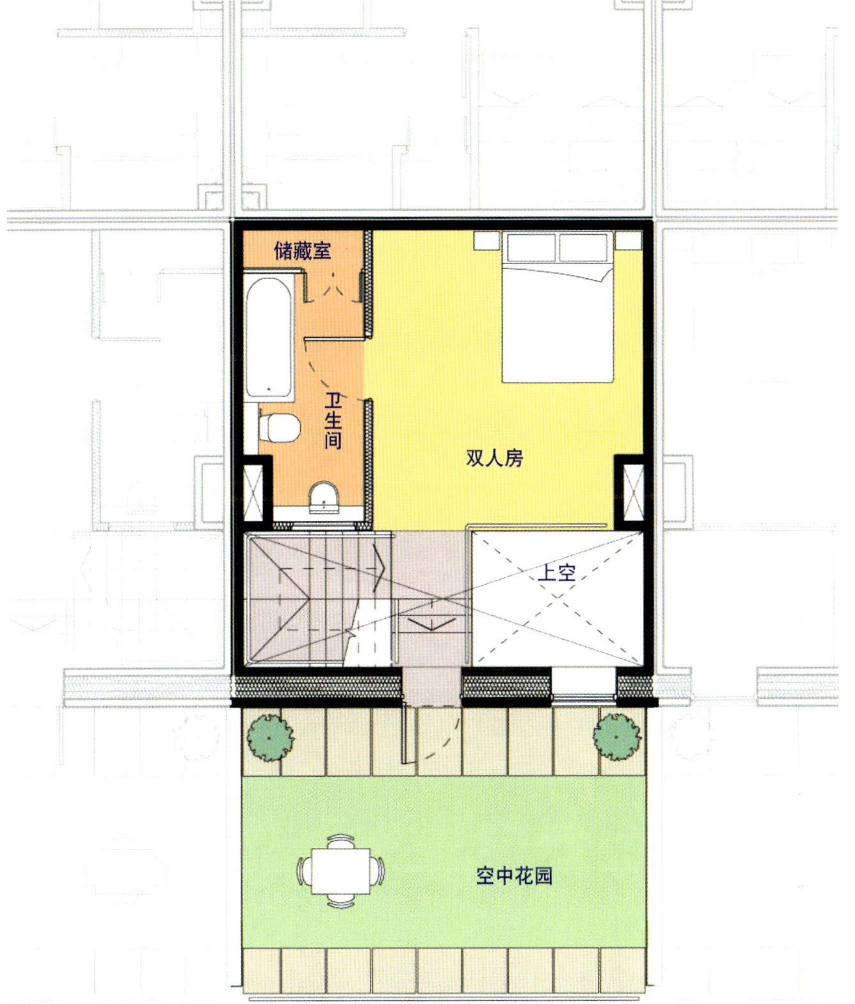

概述

这是居住/工作单元的夹层，可以通过一个小桥到空中花园。光通过采光井到下面的起居间，卫生间内设计了一个储藏室。

单元尺寸

整体尺寸　6800mmx9500mm
$97m^2$

房间尺寸/面积

双人房　3790mmx3890mm
$15m^2$

空中花园　1660mmx3850mm
$21m^2$

注：

基地内的社会福利住房供应不包括这种居住/工作单元。

注：本图中所示的各层平面图设计版权归BillDunster零能耗工厂所有，所有的面积和比例根据单位页提供，零能耗工厂保留修改图中设计的解释权。尺寸在印刷过程中已经校正并且将版权捐赠给本书。

zedinabox
range of standard house types

概述

这张平面图表示了住宅背后的工作单元的使用情况。

这里，该单元作为一处独立的办公场所，包括1个会议室、2个办公区、1个卫生间、充足的储藏空间和1个适应不同工作需要的空中花园。

另外，也可以去掉隔墙合并数个单元，为较大型商业提供更大的空间。

在采光井内可以安装电梯供残疾人使用。

注：本图中所示的各层平面图设计版权归BillDunster零能耗工厂所有。所有的面积和比例根据单位页提供，零能耗工厂保留修改图中设计的解释权。尺寸在印刷过程中已经校正并且将版权捐赠给本书。

居住/工作单元选择之一 仅为办公

底层平面

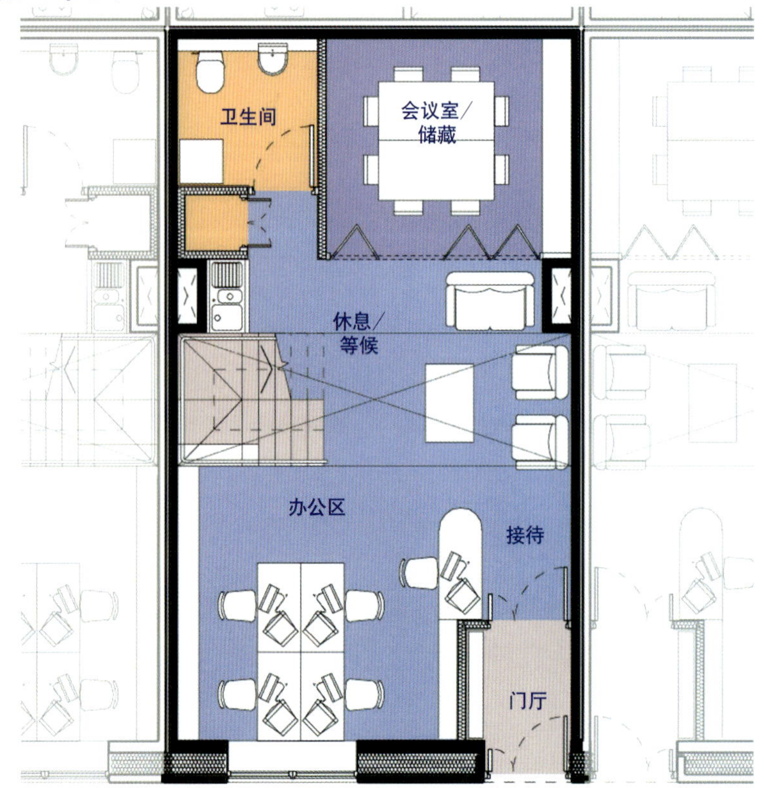

夹层

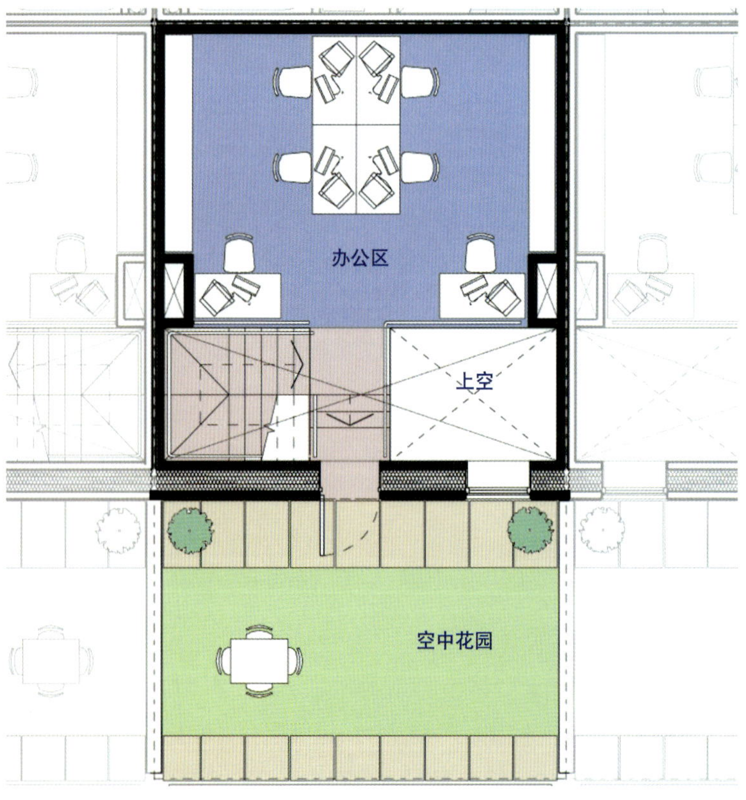

zedinabox
range of standard house types

居住/工作单元选择之一 底层可能性

底层平面 作为办公

底层平面 作为起居室

概述

LW1(见前页)显示的是另一种底层为第二卧室的布置，但这个区域也可以作为起居室或办公室。

这样设计的目的是为了给使用者提供灵活性，随着社会的发展进步，生活方式的改变来改造空间的使用。

办公区和郊区公寓不必分开，它们可以共同繁荣，社区也会整天充满生机。

零能耗开发区的 KPI's

下面的总平面图是用标准房屋类型形成的，以表示KPI's结果。这些图表可以作为可达到密度的指导。

右图 这张总平面图表示的是一个1.55hm^2（139m×115m）的理论上的城市基地。以不同的颜色表示各种单元（仅为底层）的不同组合。颜色对应30页的图表。

零能耗开发区 （139mX115m的城市街区）	整个基地 （灰色阴影部分）	BedZED （整个基地）
住宅		
居室/hm^2	330	180
居住人口/hm^2	349	157
住宅户数/hm^2	87	55
公共开放空间(m^2)/人&公共开放空(m^2)/hm^2	2.73 / 956	18.1 / 2866
私人开放空间(m^2)/人&私人开放空(m^2)/hm^2	4.7 / 1647	4.1 / 651
工作区		
可能的工作区/卧室区&可能的工作区/hm^2	0.87 / 203	0.80 / 115
野生生物生活环境/hm^2	2035	1210
室外体育设施（m^2）/hm^2	-	18.1
公共设施（m^2）/hm^2	0.46	1.69
交通		
停车位/户&停车位/hm^2	0.7 / 61	0.87 / 48
自行车位/户	1.2	1.2
合用汽车数/户	0.03	0.02
电动车充电处/户	0.25	0.27
生活设施		
阳光室(m^2)/户	8.9	10.4
Internet delivery space/home	1	1
出租田地(m^2)/户	-	0.87

4　建设未来

4. 建设未来

4.1 章节简介

总平面定稿并明确单元组合后，下一阶段的任务是为开始建造提供需要的施工信息。本章假定采用此书中的零能耗ZED标准房屋类型。当然，通过我们的零能耗供应链，当然其他的设计方案也是有可能通过我们的供应链达到零能耗。

本章包括：

- 关于可持续发展的特殊建筑问题（第4.2节）。
- 零能耗方法如何充分利用预制配件和成品加工（第4.3节）。只要有可能，零能耗设计方法尽量使用本地制作和/或工业化加工，避免长距离搬运产生的大量CO_2排放。
- 为了不断优化而发展演变的零能耗标准（第4.4节）。
- 目前零能耗产品中所采用的部件目录，尚未成为建筑商的标准条款（第4.5节）。但是采用零能耗产品可以更有效地施工。一般来说，零能耗产品的标准，即如何选择ZED产品，就是只需基本的传统技能就能进行施工。

4.2 可以节约紧缺资源的生活方式

能源不仅需要花钱，而随着矿物燃料储量的枯竭，花费会越来越多。如果我们可以变我们的生活方式为零能耗，为什么要为我们不需要的东西付钱呢？今天，我们可以设计出一种房屋，其对能源的依赖可以降到绝对的最小——正如本书中的ZED标准房屋类型。不过，这只是其中的一部分内容。为了使其真正起作用，我们生活方式的所有方面都应该重新进行审视，而不仅仅是我们所居住的建筑。一个人的房屋所产生的CO_2只有其一生中总共所产生CO_2的1/3。

下图 运用零能耗设计方法，建造舒适高品质的生活。

关于能源消耗另外代表性的2/3是交通和食物，其所占的比例大致相等（正如第1页所示零能耗轮状图）。建立一个零能耗开发项目的关键是将以下所有因素进行综合，包括正确的决策、有效的供应链、深思熟虑的设计、合理计划和管理的施工运输，以及最终整个计划的有效运行和管理。而我们最终将看到的，是有着阳光充足的住宅、新鲜美味的食品，最便捷的交通以及逐步降低碳排放的可持续发展社区。

随着BedZED项目中规模经济和工程概预算的采用，零能耗建筑ZEDs的建造应该能够给开发商带来更高的利润。不过，在更多的开发项目证明它之前，还是需要计划利润形式的补助（如在基地内增加密度作为满足零能耗标准的回报），或基础设施的国家补助，以减轻财政顾虑。

上图　有机农场商店递送、网络购物及基地内的出租田地，这些都极大地减少了食品运输里程，也增强了当地城市和乡村的联系。

提高人们的生活水平

选择的自由是零能耗建筑ZED成为社会性的可持续发展的关键。这就是为什么从一开始就要把低碳排放、提高生活品质的选项确立到开发项目中。通过考虑住宅建筑与环境，通过提供便捷的交通、购物、家庭娱乐和能源再循环，通过对节约成本方法的设计，如节水和节能，以及低碳排放等，这些选择比传统的选择显然更有吸引力。

上图　现在，网络购物作为一种可靠的方式，已成为代替每周购物出行及其相关碳排放的另一选择，零能耗住宅中已包括了递送箱空间。

食品

大多数人没有意识到他们的食品是从多远运过来的，他们主要感兴趣的是用较低的价格购买多样的食品。

欧洲的“慢餐运动”提倡本地、高质量的食物。享受优质食品和本土特产，是这一运动的基本原则。不管怎样，与旅行2000mile(3226km)从农场到餐盘的一顿普通晚餐相比，与本土食品的消耗相关联的，也是生态足迹实质性的减少。缓慢食品运动，是本土经济的高质量产品导致低环境影响的生活方式的一个范例。一个大型零能耗项目应该使食品所消耗的生态足迹从1.56hm^2/人减半到0.84hm^2/人。资金还是会投资于食品，胜于投资在运送食品的柴油机和喷气机的燃料、交易食品的经销商、营销食品的广告或引人注目的包装上。

交通

显然，居民可以通过减少出行来实现减少碳排放，但是在许多社区，这个方法和人们的忙碌的生活方式相冲突。而零能耗开发的策略是建立一个在实现本地的方案，使得在一个大型零能耗项目中，将英国因出行消耗的生态足迹，从0.84hm^2/人减少到0.39hm^2/人：

下图　对于每个零能耗项目，绿色的交通计划有助于自行车使用以及本地公交联系。

- 目的是将零能耗开发区ZEDs的选址尽可能地靠近现有的交通站点，使乘坐火车和公共汽车是成为最方便的选择。
- 为了满足对汽车的需求，在零能耗开发区ZEDs设计了一个有组织的汽车合用服务，提供不同类型的交通工具满足你的需要——小巧的电动车用于购物，家庭渡假的载人运输车或适用于浪漫周末的跑车。车按小时出租，可以通过互联网预定24h或7h使用，提前30min通知取车，这样算起来，按传统的使用方式，比你自己拥有汽车还要便宜。而你对汽车需要的越少，费用就越便宜。

运动和休闲

上图 零能耗社区里的公共空间鼓励了健康运动和良好的生活方式。

在零能耗开发ZEDs的设计中还包括本地的运动设施，如网球场、健身房、五人制足球场和俱乐部会所。如果有了这些设施，那就没有必要外出了。同时，锻炼和运动还与改善身体健康（导致医疗护理的减少）以及减少未成年人犯罪有密切联系。

学校

远距离开车接送孩子上下学是典型的不可持续的生活方式。零能耗设计方案ZED提倡在固定的步行区域内，建设小规模，高质量的社区学校。

工作

上图 零能耗社区中创建的低能耗、健康而有吸引力的办公空间，使居民可以在离家更近的地方工作。

除了少数人，大部分人认为在附近工作以及避免往返的机会是非常吸引人的。在零能耗设计方案中取消了工作和生活的分区，代之以居住和办公结合的单元，以及商业空间。通过减少外出的需要，来降低碳排放。事实上，是不是全部居民在基地内办公并不是首要的。重要的是，这是机会和选择，使得这个选择可以在一个很长的时期一直可用。

通过对BedZED项目超过一年的检测，说明零能耗ZED的办公建筑标准，比传统的办公室效率提高了40%。通常，在白天，办公室和工作场所里人和设备所产生的热量已经足够，不需要靠阳光获得额外的热量。一项简单的解决办法就是使得工作场所处于房屋阴影处，坐落于向北一侧。房屋的花园可以置于未充分利用的工作场所的屋顶。这不仅实现了就地办公，还使得它在能源和成本方面，比把住宅和办公空间分开建造更为有效。

通信

信息技术的进步，特别是电子邮件和英特网，使得在办公室外的场所工作成为可能，也许在家中，也可以远离市中心在当地工作。通过提供社区“网络中心”分担设备的成本，使个人经营独立生意更为可行。同时，它还提供了更多的社交环境，避免了由于在家中工作而造成的孤立。

LETS
共享设备联营方案

在这个系统下一部除草机能轻易地为10个小花园除草，基于一个流通的LETS(地域性易贸系统)系统，通过鼓励一个半正式的社团组织分享设备，可以节约每一个人的资金。这样同时也可以节约生产另外9台除草机的能源。LETS系统给那些拥有除草机的家庭提供积分，这些积分以后会由其他9户以实物偿付，比如说，通过照看孩子，修理电脑，装修家居等。 零能耗ZED开发还计划设立一个基金，为那些致力于建立"绿色生活方式"设施建设的官员拨款。

上图 每个零能耗ZED社区都提倡每户家庭在家将垃圾进行分类回收，这样，整个计划才能生效。

废弃物

绝大多数废弃物与家庭食品及其包装有关。虽然包装通常不可避免地是所购买产品的一部分，但是它的成本隐藏在零售价中。同时通过国家税收系统还会加倍征收，用来处理废弃物。

零能耗ZED食品计划除去包装，因为大多数食品新鲜且无包装。零能耗社区中ZED一般都有设施将有机垃圾制成堆肥，而且污染分解物符合当地政府的回收再循环要求。较大项的废弃物，如家具，在处理前首先考虑在社区内交换和重新利用。零能耗设计ZED能把家庭垃圾所消耗的生态足迹从人均1.68hm^{2}减少到0.42hm^2。

为什么住在零能耗社区更有价值

- 你将拥有充满魅力，经过精心设计，充满阳光的时尚住宅。
- 你会感受到冬暖夏凉。
- 你可以节省能源开支。
- 你将不太会受到未来能源价格上涨的影响。
- 在BedZED的体验是，人们欣赏现代建筑，开发区的品质和它的生活福利设施，并且想拥有更绿色的生活方式。人们乐于为这"待售"的不动产花费额外的钱。也就是说，如果你要从ZED搬出来，其他人会争相购买你的房子，所以你的原始投资将有一个不错的利润回报。
- 你将拥有一个更高标准的居住条件，更优质的生活，浪费更少的时间出行，而花更多的时间享受生活。

4.3 可持续发展的施工问题

无论我们今天造什么，它都将存在将近100年或更长的时间。大部分住宅的正常设计使用寿命为60年（对于结构体）。尽管至今还有一些20世纪30年代设计的短期住宅（25年使用寿命）仍在使用，而一些20世纪70年代设计的福利住房在达到60年的使用寿命之前已被拆除。对此，可能有着不同的解释：但最主要的原因之一是劣质的工程质量。施工技能的下降很可能导致建筑质量的继续下降。最重要的挑战将是气候变化：气温日渐升高的炎热夏季更加需要高隔热、被动制冷的住宅和办公空间。

在承认施工技能问题的同时，政府也正努力增加建筑密度。住房短缺，而每年住宅完工量在减少。同时，人口的增长，以及因高离婚率和单亲家庭导致的生活方式变化，都表明需要更多的住房，并且这样的趋势在短中期内不会改变。

如果我们不准备将这样的问题遗留在21世纪，就必须把可持续开发建造得可以经历时间的考验。零能耗建筑的结构设计寿命长达为120年。零能耗（ZED）的概念从本质上反映了对环境的考虑，如节能和使用可再生能源。不过，还是会有一些零能耗的组件会有规律地替换循环。同时，零能耗设计还反映了其功能性，尊重人们对住宅的舒适、使用的简单、非复杂性的大楼系统的渴望。它的形式允许人们可以结合简单的材料和工程系统，实现对住宅空间的灵活使用。所有内部的分隔都可拆卸，为未来的空间设计标准提供完全的灵活性。而且，它们也很容易复制，下一节将详细解释。

总之，使用零能耗标准将有利于解决低建筑密度和低建造技能问题，同时提供一个对环境、社会、本地经济都有益的可持续发展住宅区。

右图 典型零能耗方案的沿街道路景观，会因为使用及功能上的灵活性而随时间改变——会从开始居住/工作单元开始，可能演变为咖啡、酒吧，也可能包括一些零售店和办公场所。

4.4 工业化制造

零能耗ZED标准住宅类型和ZED作品在设计上最大程度地使用了成品装配技术。这是一个持续进行的过程，产品组件和设计在不断地改进，同时不断寻找供应厂商。在建成的BedZED项目中，下列零能耗产品均为成品制造，或经过厂家改良或组装：

- 结构板采用中空板制作，实现迅速建立建筑的框架（ZED产品B）；
- 卧室和厨房的设备墙（ZED产品R）；
- 热电联产设备CHP按集装箱尺寸制造，并可以保留在集装箱内直接安置于基地（ZED产品M）；
- 设计的玻璃幕墙可以在一天内安装到结构构件上（ZED产品H）；
- 使用木质桥架，使电气布线易于安装和更改（ZED产品S）；
- 可再生能源的收集装置。

上图　预制件正在发展成为成品制造，可以给零能耗社区带来效益。

4.4.1 取舍制造效率和CO_2排放

Egan报告确认了一系列需要尽快解决的建筑行业的问题。这些问题包括技能短缺、缩短工期、提高生产率、减少建筑垃圾以及恶劣的工作条件。而具有挑战意义的是，如何将使用当地的再生原料的策略产生的环境效益与配件预制的优势结合起来。

单元式预制将整个房间进行整体制造，在位于英国偏远地区的制造厂制造，这会导致过高的碳排放：主要是由于大体量单元运输而沿英国公路网产生的碳排放。更重要的是，他们会成为导致英国气候变化以至夏季变热的重要因素。事实上，在地中海沿岸，传统上从下使用预制式轻质房屋系统，因为需要用高热容的蓄热体储存夜晚凉爽的空气，以抵消白天吸收的热量。

一个更好的策略是在本地最近的工厂生产更小的预制组件，由工厂提供专业化的设备，这样的策略证实可以降低对环境的影响并且增加经济规模。这个原则允许多数厚重、庞大、低价值、低技术的材料在半径35英里(56.3km)范围内采购，对于更轻质、贵重的组件：少量地依靠特殊的工具从远处运来。价值越高，组成部件越小，对于供应链的这部分有根据的供应半径就越大。

上图 来自城市树叶垃圾的碎木作为热电联产设备的燃料；回收钢材和木材。

零能耗产品的供应链或多或少遵循这些原则。有一个例外，就是使用中空板作为垂直承重墙和地板。中空混凝土容积较大，并且只来自少数几个地区。

另一种可选择的方法，是致力于使用可再生的材料，占到总重量的30%~80%的施工组件。这一方法是否成功，取决于供应链中有多少是使用可再生自然材料来取代新材料，也取决于开发区预留可再生原料储存场地的潜力。另一种可能是使用简单的现场装配工具，有助于保证质量并且缩短工期。

也许某一阶段，连锁工厂将搬到建筑工地，并将就地取材的可再生原材料加工成高价值的现代零部件。这避免了从数百英里外引进高碳量投资的预制零部件。

以下目录介绍了一些在ZEDs中使用的预制零部件。它们对减少在建设过程中能量消耗的贡献将会在碳排放工具报告中有进一步的解释[①]。

- 基础——场地粒化炉渣(GGBS)混凝土使用回收的水泥作为替换，并使用回收的骨料；
- 室内地面——空心板或光面预制混凝土板使用矿渣混凝土和回收的骨料；
- 钢架和过梁——回收利用当地的，在本地工厂经过清洗、喷砂处理以及再加工的钢结构部件；
- 内承重墙——回收骨料和高炉矿渣水泥制成的承重墙和相同材料制成的中空板；
- 非承重隔断——回收的木质托梁，无钉制作，视觉上承重逐步传递；
- 三层玻璃窗——预制成品，事先预制并安装玻璃；
- 地砖——采用大型专业制造厂制造的地砖；
- 楼地面面层——磨石子地面，用本地废弃材料制作，避免了使用地毯；
- 光伏电池——高附加值，在德国小批量预制；
- 风帽——高附加值，小体量的平板包装，可以从中国大批量预制；
- 墙面砖——高价，小批量，可以从中国大批量预制；
- 热电联产CHP设备——小型的集装箱组合元件，这个项目仍旧处于第三方论证和检测的阶段。

① Nicole Lazarus BedZED项目的建筑材料报告，生态区域发展集团。

建筑物制造能耗

建筑物的制造能耗包括：

- 生产建材中消耗的能源
- 材料运输中产生的公路里程
- 施工过程的能耗
- 对老建筑的拆迁安置所需能耗

4.5 持续改进深化设计

4.5.1 对环境影响小的建筑

随着更多的建筑按照“零采暖”能耗标准设计，降低建筑物所含的制造能耗逐渐变得重要。一个零碳开发项目可以就地产生足够的热和电来满足建筑的年能耗需求，下一代建筑将可能变成“负碳排放”，这意味着在建筑生命周期内不仅能产生足够的可再生能源来满足年能源需求，同时还能补偿在原始建设时期的能源投入。

因此对建筑物将采用的新型材料进行认真的环境评估十分重要。在一个典型项目的用地内，整合可再生能源收集装置需要克服许多困难，并投入相应的资金。因此，最大可能地降低建筑物自身的能耗非常重要。解决这个问题的最好办法之一，是采用当地的原材料和劳动力。所有大型材料的采购制造应控制在距工地35英里(56.3km)以内的范围，并且，尽可能直接使用基地拆迁回收的构件，而不需要大规模的再加工。通过对可回收钢材进行的BRE生态指数分析，我们可以从逐步减少的环境影响中看到这些节能措施产生了显著的效益。

上述措施对于现有城市建筑同样具有意义。我们是否要按零能耗社区标准来改造现有住宅，是否要有选择地拆掉它们，并将其回收，用到高效的新零能耗建筑中？只有详细的能源利用分析才能为我们提供最明智的解决方案。虽然保留历史和文化建筑可能更有意义，但我们不应该每天只想着去修复，尤其是在新的“再循环”的零能耗设计对环境的影响更小的情况下（Arup）。值得提醒的是，大部分零能耗产品供应链都可用于现有住宅和办公环境的改造。

市长的零能耗开发ZED计划

GLA最新的大伦敦计划建议2010年前每个区至少应有一个按照BedZED标准实施的零碳排放开发，他认为要实现这一目标，每个区都应该在2005年前确定一块适用于此项目开发的土地。

4.5.2 采用零能耗设计减少人类消耗的生态足迹

下表表明5种假定的开发和生活方式所消耗的生态足迹，以及零能耗计划是如何减少人类生活方式对地球的影响的，它将使人类以自己的“一个星球”方式共同生活：

1. **典型英国方式**(UK Typical) 一个英国普通居民，住在一个普通的英国

上图 位于伦敦西部的旺兹沃思(Wandsworth)的碳负排放工人住宅方案。

住宅区。

2. 2002建筑标准(Building Regulation 2002) 一个英国普通居民，住在符合当前建筑标准的新住宅。这种方式与典型英国方式的不同仅在于家庭能源消耗。

3. 中等零能耗标准(Medium size ZED) 以BedZED为例，有一类人叫“被动型生态方案”(eco-slob)——就是说，他是普通的英国居民，不会主动减少自身消耗的生态足迹，可是因为生活在BedZED，自动做出了某些贡献。

4. 中等零能耗标准(Medium size ZED) 以BedZED为例，有许多热心居民，主动选择了能够通过服务减少生态足迹的生活方式。

5. 理想中的LandZED(LandZED Ideal) LandZED的居民在环保上的热情都很高。这是一个400户的ZED开发项目，包括了办公/工作空间、休闲俱乐部、社区中心和医疗设施。相对于上面的BedZED，LandZED更加具有规模和活力，所以它在减少生态足迹方面也比前者更加出色。

该表中最后一行表示了不同的个人生活方式所消耗的总的生态足迹。按照当前的全球人口计算，人均可利用土地面积仅为1.96hm^2，这里，只为其他物种留了10%的生存土地。而且随着全球人口的不断增加，这个面积还在不断地减少。资源消耗的主要类型有：

食物 所有食物中包含的生态足迹，即人们用于得到食物所用的任何环节，包括用于食物生长的土地和海洋面积，食物的生产、加工、包装、物流以及零售等环节的相关环境影响。

交通 所有个人交通的能源消耗，以及建设交通基础设施本身所造成的环境影响。

住所 量化家庭能耗，包括住宅用地和建造住宅的建材所包含的环境影响。

物品 所有消费物品，包括家用和工业的，都以使用期过后的废弃指数来衡量。进入废物流的物品的生态足迹包括其生产过程中产生的所有环境影响，包括用于生产所用的基础设备、物流过程及垃圾处理的环境影响。

服务 该类别包括各类公共服务中所消耗能源的影响，例如办公室、学校、医院、议会大楼。它们是通过服务的货币价值来衡量的。

下表说明最新的建筑标准将住宅类的生态足迹从0.76hm^{2}降到了0.59hm^2。但是从总体上来说，如果要把人均生态足迹从5.5hm^{2}降低到1.96hm^2，我们还有很长的路要走。

BedZED是一个中等规模的开发项目，它包含了82户住宅以及若干面积

生活方式的环境影响 （表示能源消耗及导致的生态足迹消耗） [hm^2/（人·年）]	典型英国方式	2002建筑标准	中等ZED标准 （BedZED被动型）	中等ZED标准 （BedZED理想情况）	高级ZED标准 （LandZED理想情况）
食物	1.56	1.56	1.56	1.03	0.84
动物类食品比例% 新鲜、未加工的本地食品比例% 减少食物浪费%					
交通	0.84	0.84	0.84	0.52	0.39
英国普通燃油轿车（每车每周每公里） 四轮驱动(4×4)车辆（每车每周每公里） 液化气LPG动力车（每车每周每公里） 超能燃油轿车（超高能效）（每车每周每公里） 英国普通柴油轿车（每车每周每公里） 光电动力车（PV）（包括calcs） 公交&长途车（乘客km/周） 火车、地铁及有轨电车等（乘客km/周） 轮船、摆渡等（乘客km/周） 航空（乘客km·周） 摩托车、小型摩托车（乘客km/周）					
住所	0.76	0.59	0.22	0.22	0.13
用电（kwh/年） 煤气/液化气用量（kwh/年） 用油 用煤 可再生能源消耗（包括木材） 可再生能源——风能 可再生能源——光伏电能 木材燃料消耗 热电联产（热水和供电） 你的住宅占用多少空间？ 住宅内的铺地、草坪和砂地有多大？ 预留的野生动植物生活和食物生长用地					
物品	1.68	1.68	1.68	1.27	0.42
家庭废弃物（kg/人/周） 家庭垃圾填埋 家庭废弃物再循环 家庭垃圾堆肥 家庭垃圾焚化 家庭垃圾作热电联产燃料					
服务	0.55	0.55	0.55	0.5	0.35
费用（英镑/月）					
生态足迹（hm^2/人口·年）	5.22	5.05	4.67	3.32	1.96
二氧化碳（t/人口·年）	11	10.3	8.7	6.2	3

的办公和工作空间。仅在住宅方面，居住在BedZED的居民们就会自动地将其生态足迹减少到0.22hm^2，而从整体上来说，可以将影响减少到每个人4.67hm^2。这是通过从构造和建筑设计上同时采取节能措施来实现的，一栋按2002建筑标准建造的住宅可以减少73%的能源需求，并且实现了使用可再生能源。而居住在BedZED的环保积极分子，可以在不怎么改变其生活方式的情况下，减少所有类型的生态足迹。总的来说，本地的新鲜食物，低排放汽车，减少大部分的燃油车出行需求，使用方便的循环设施，这些都是减少生态足迹的原因。

在LandZED，开发规模的增大可使社区共享设施和基础设施的服务范围更大：这样的话，就可以更轻松地大幅减少生态足迹。从表格可以看出，当以LandZED的标准生活时，有可能实现生态足迹在总量上减少到一个地球。

4.6 零能耗产品（ZEDproduct）目录

下面的零能耗产品纲要包括了主要的零能耗环保产品的相关资料。构成零能耗建筑的其他产品和组件也都有完整的参考资料，但本书内并没有相关内容，如需供应商的相关信息，可以登陆www.zedfactory.com查找。

每一页面的一般格式如下：

- 讨论中的零能耗产品ZEDproduct的概要描述。
- 系统中所需要的所有部件的清单。例如，ZEDproduct A列出了构成一个标准ZED单元基础的所有主要部件清单。
- 与所描述ZEDproduct相关的产品系列的组成。
- 预期的环境效益。对于大多数产品来说，通过基于BRE对BedZED实际节能情况的研究，然后给出可能节约的生态足迹。
- 与维修养护相对应的耐用性说明，可以帮助经济适用房机构对可能的更换周期以及/或所需的备件进行评估。

注意：

ZEDproduct**清单中所包含的信息由供应商提供，供应商有权修改和更正。**

4.7 零能耗产品（ZED product）索引

以下页面为现有零能耗产品的详细资料，索引如下：

A 基础

B 预制混凝土楼板和楼梯

C 室内隔断和分隔墙

D 工作空间的大跨度钢结构

E 屋顶花园防水和超级保温

F 非上人屋面覆盖层（包括安全防落系统）

G 三层玻璃采光屋面（隔热型）

H 双层玻璃木结构墙

I 三层玻璃断热门窗（带墙中空腔托盘）

J 外墙处理

K 铝质墙顶和窗台

L 气密/隔声（密封服务）

M 自然通风系统

N 室内木装修——内部木装修隔墙、门和楼梯

O 带备用加热器的热水存储器

P 管道设备

Q 室外栏杆和扶手

R 生态浴室

S 电力布线

T 饰面

U 生态厨房

V 可再生能源方案

W 废水处理设施

X 小区级别的设施安装

Y 景观和外场

Z 绿色生活方式和公共设施

上图 双层玻璃太阳室与光伏电板相结合。

上图 屋顶植物覆盖层上的被动式热回收风机系统。

上图 一个生态浴室比一个普通浴室少用60%的水。

上图 每个零能耗项目中，汽车合用组织均使用可再生能源。

概述

零能耗产品A 将零能耗建筑重型的、高隔热性能并带有储存雨水和中水储箱的基础与小区地下的基础设施结合在一起。

上图 雨水储箱在BedZED现场与基础及设施一同进行安装。

地下储水箱的安装与地基沟渠的挖掘同时进行，最大程度结合基础承包商的挖掘能力。

社区级的大型水箱储存处理后绿水和/或雨水，它们位于每一单元之下，沿街区的整个长度运行。水箱也可用于储存每一单元的雨水或作为整个小区内的再生水系统的一部分。

下图 雨水存储箱在南威尔士的制造工厂

零能耗产品A——基础

描述

A1 拆除/清理
A2 净化清理
A3 挖掘
A4 打桩
A5 条型基础和隔热
A6 底层空心板
A7 绿水储水池
A8 废水处理池和泵
A9 区内设备管道、检修孔和入口
A10 再生聚合物路基
A11 小区排水管道和检修孔

对环境低影响的基础、设施和储水箱产品整合到基础工程系列内。它能提供：

- 低制造能源，使用本地再生骨料的低水泥基高炉矿渣混凝土基础
- 高隔热条形基础避免热桥
- 非PVC设备管道
- 非PVC地下排水管道产品
- 储水箱

工作内容

该项施工的承包商将最先到达施工现场并负责以下工作：

- 工地入口，临时道路、围墙、停车场和卸货区，服务设施和设备/膳宿
- 净化清理，覆盖以及物料适当的堆积、移动
- 地下排水管及所有基地设施管道安装就绪，以便供方连接到户
- 挖掘地基（桩或条型）并浇灌成水平基础（不超过现场偏差）
- 安装储水箱、人孔及渗漏测试
- 砌块墙到楼板面
- 隔水层，隔热，铺设和地面，混凝土及抹浆
- 为后续工作清理现场

环境效益

在BedZED使用再生粉碎混凝土代替原生骨料，减少了对环境的影响。图表通过比较英国一般的混凝土骨料和可再生替代品，显示使用当地粉碎混凝土骨料作现场供应，可以大大降低生态指数（或许，甚至可以在新建筑建造前，在现场从拆除的建筑和路面中获得）。

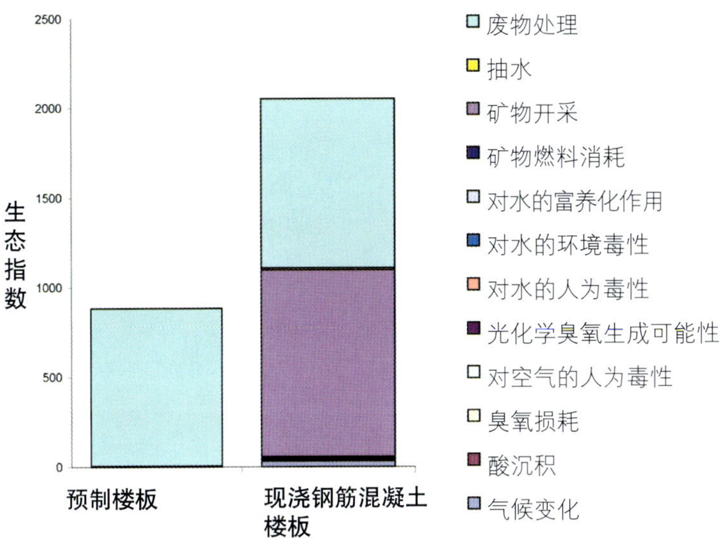

上图 再生粉碎混凝土骨料与原生骨料对环境影响比较。

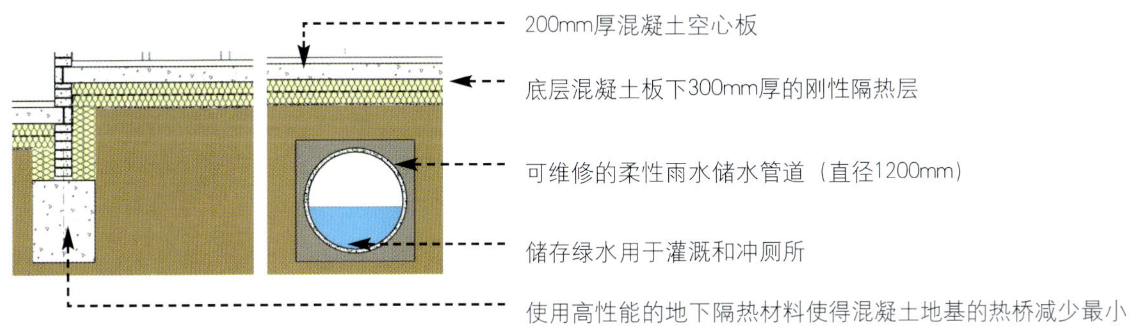

上图 以上断面表示底层混凝土板、混凝土基础及300mm厚刚性隔热层将建筑物与下面的土地隔开。

概述

零能耗产品B，利用混凝土重量大、蓄热性能好的特点，作为蓄热体储存南向窗户获得的太阳热能。

上图 在BedZED，预制钢筋混凝土板下来，后吊运进适当的位置。

预制楼板非常经济，直接刷上乳胶漆之后就可以使用，而且非常坚固耐用。施工过程只有一小部分使用现浇钢筋混凝土板，因此可以缩短施工时间。建筑的内部划分也很灵活，可以使用不承重的木制隔断，这样就不会对住宅整体的热工性能产生影响。

通向跃层公寓的预制混凝土楼梯非常坚固，而且安装速度快，并提供了现场的出入口。它们的声学性能相当好，而且可以在踏步上铺设防滑瓷砖。楼梯两侧的栏杆安装很简便。楼梯下面的空间挡风遮雨，正好可以用于储存可循环物品。

零能耗产品B——预制混凝土楼板和楼梯

描述

B1　楼板/天花板
B2　室外楼梯

- 预制先拉预应力中空平腹挤压成型混凝土板；
- 踏步及侧面做找平处理的预制混凝土室外楼梯。

工作内容

这部分工作的施工承包人应在施工期间定期查看，确保：

- 所有施工机制和工作许可都正常有序。
- 所有楼板、天花板和相关支架的供应和安装应符合规定。
- 板与板之间的所有接口和缝隙都应水泥浆嵌缝并清理干净，便于楼板面层施工和屋顶防水。
- 预制混凝土楼梯的供应、安装和水泥浆嵌缝。
- 预留适于安装防水层（屋顶）的操作表面。
- 所有找平表面嵌缝后应清理干净，并修复运输过程中损坏的板。

下表列举了与现浇板相比，预制及预应力混凝土板所节省的环境影响。数据由BRE提供。

预应力混凝土所减少的环境影响	
生态指数	5940
生态过程的CO_2排放（kg/100年）	392600
生产过程的能耗（十亿焦耳）	3270
生态足迹（hm^2/年）	297

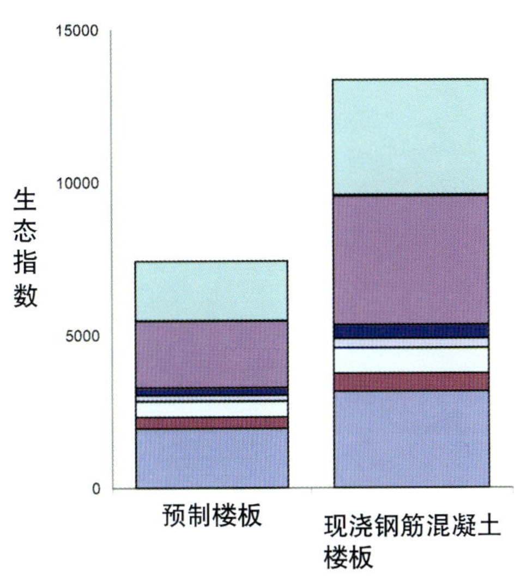

上图　在需要大空间的地方，可以在钢结构上设置混凝土板，这样既可以实现快速安装，又能保证房屋的蓄热性能。

概述

如同零能耗产品B，利用重质混凝土块的蓄热特性储存南向窗户的太阳热，这一原理也可以应用于地板。这是一种简单坚固的建筑构件，通过突出墙外的预埋件进行安装并连接到外墙。

上图 外表面处理可以很灵活，既可以用本地的砖、木，也可以使用适合本国的其他产品。

这些混凝土砌块可就地取材，将高炉矿渣混凝土和再生骨料相结合。

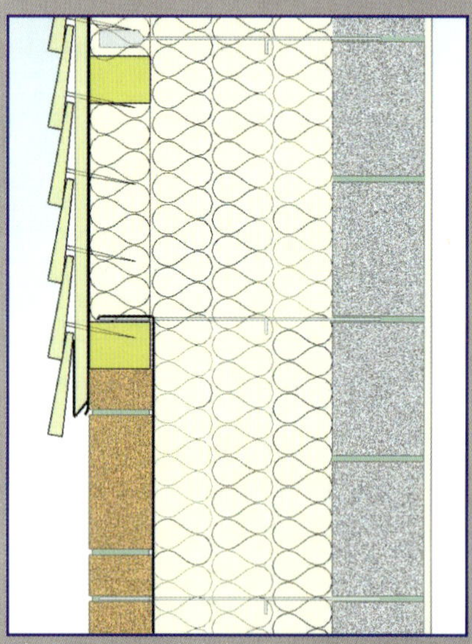

上图 BedZED的外墙断面。内侧用混凝土砌块作为蓄热体，中间是300mm的空腔填充矿棉保温层，外表面用本地的砖或是采用FSC认证的橡木墙面板。

零能耗产品C——室内隔断和分隔墙

描述

C1 混凝土砌块及300mm空腔内预埋件
C2 预制隔层支架
C3 预制混凝土过梁
C4 砌块分隔墙
C5 屋顶花园隔墙保温隔热砌块

高密度的混凝土砌块具有蓄热、隔声和耐火的特性，这是作为一个维护室内微风气候内壳的基础特性，在窗户安装完成后，单元内外可以同时进行施工。由于空腔两侧墙内均设了预埋件，因此空腔内的墙体保温材料可以在稍后的施工阶段安装。空腔的底盘和混凝土横梁差不多在这些开始的时候建好。构件由工厂制造可以免去了额外的现场监督和试验。在某些地方，需要使用保温材料和不传热的砌块砖。一般情况下砌块墙连接内外墙处，或者位于屋顶花园的楼面以下。

工作内容

本部分内容开始于底层结构板面，后续工作包括：

- 承重的楼板和屋顶板重量的高密度砌体内隔墙，指定的地方规定其找平。
- 采购并安装预制夹层底盘，同时将防水层与底层和屋顶花园连接。
- 提供并安装预制混凝土龙骨于内隔墙中。
- 建造分户墙，以达到上部地板和屋顶所需的承重要求，并在需要处找平。
- 保温隔热层垂直延伸直达屋顶花园防水层高度。
- 确保所有密封结构的可靠性，检查所有焊接的连续性 和工艺。
- 追求卓越的责任感。

较之全国普遍的运输距离来说，使用本地的高密混凝土砌块可以减少对环境的影响。对于所有材料的总的环境影响来说，虽然这个减少的量不大，但是这不需要任何成本，只要打一个电话，因此可以说是轻而易举地减少了对环境的影响。

使用本地砌块所减少的环境影响	
生态指数	69
生产过程中的CO_2排放（$kgCO_2$/100年）	10221
生产过程的能耗（十亿焦耳）	134
生态足迹（hm^2/年）	13

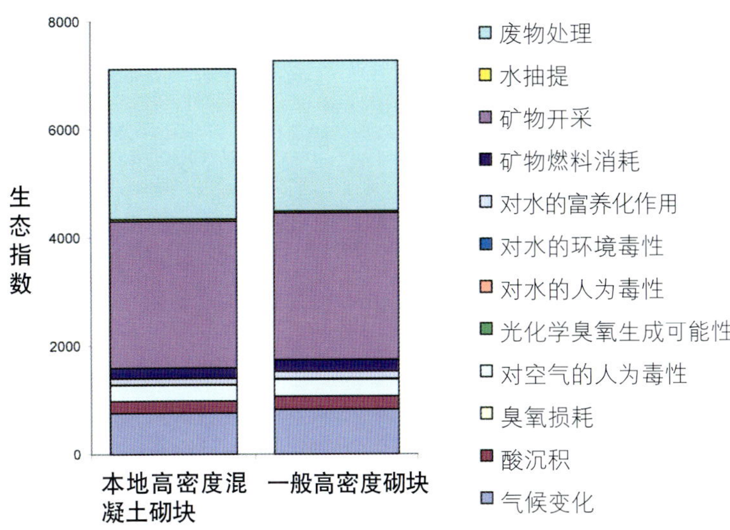

零能耗预制空心结构系统

整体预制墙体楼板的保温结构系统，设计有零采暖标准的通风和设备管道，并满足新的隔声标准。由于它所提供的完美的结构密封性，使素混凝土面的墙体和顶棚可以直接刷乳胶漆，而无需石膏或其他湿作业。固定的垂直通风竖井取代了昂贵的风管，并与防火/隔声前室相结合。这既节省了工期和成本，同时又增加了使用面积。

大约30%的冬季空调采暖需求可以通过太阳能来满足，这就需要高蓄热结构，一方面避免夏季过热，同时也可以将热储能效益最大化。

据BRE对中等跨度的重型混凝土板的环境影响所进行的审计，表明在BedZED使用的预应力挤压空心板，在市场上所有常规的自由跨楼板系统中具有最低的生态指数等级。这主要是因为它的无粉刷的底面、挤压的空间和针对固定楼板面积最低等级的配筋。

零能耗工作室ZEDfactory与一家最主要的空心板生产厂联合，提供挤压成形板的供应和安装服务，以这种板作三层高的自承重墙，并利用支座角钢固定预制混凝土楼板。

从预制混凝土结构系统可以看出，在不牺牲耐用性以及作为整体结构主要的储热性能的情况下，零能耗供应链完全满足了政府所倡导的加快施工及采购进度的要求。只有一些非承重的室内隔断和当地取材的挡风板留作基地的特色细部考虑。它们可以作为对设计主题和地方文脉的反映。

注：这些部件订单最少为250件，以满足预制模具的投资成本。

概述

采用预制混凝土板可以满足分户墙间的跨度，而有些零能耗建筑需要更大的跨度。零能耗产品D系列通过使用回收结构钢构架，解决了这个问题。

上图 在需要宽大灵活空间的地方可以使用回收钢材。

尽管在英国大约40%的新钢材是再生产品，但由于再熔化钢材仍然需要相当大的能源消耗，因此使用回收钢材可以节约大量的能源。在BedZED，95%的结构钢构架在当地取材，从拆除的建筑中直接回收利用。

在工作空间里，大跨度体系保证了最大程度的使用灵活性，而构件间的简单连接节点，保证了在达到建筑物的自然使用年限后，结构构件的回收再生。

上图 在BedZED所使用的钢材是从布赖顿（Brighton）一个拆迁工地上回收的，经过应力分级，再经过清洗和防火处理，而后用于工作空间。

零能耗产品D——工作空间的大跨度钢结构

描述

D1 回收钢结构构件
D2 防火处理
D3 带混凝土过梁的单元式/大型工作空间

在这一工作程序中，采用了常规的钢结构设计和施工方法，不同的是，在可能的情况下，新钢材由回收的二手钢材所取代，这些回收钢材是从当地拆迁的垃圾堆中精心选出，并预加工成新钢材。这些钢材由工程师进行应力分级，通过喷钢砂清除上面的印记和油漆，然后重新上漆并送到工地。必需的防火处理，是通过一层标准的水基膨化涂料来完成的，比如Nullifire防火涂料。

获得回收钢材并非一直都很容易。有时候，寻找会耗费大量的时间，并且找到以后其价格和质量都不可预知。承包商也可以利用原料供应服务，负责寻找并供应结构用回收分级钢材，并按质定价，象买新的一样。可利用的详细实例分析和联络表参见零碳设计工具手册（Carbon Neutral Toolkit）第一部分：施工材料报告。

在回收钢材很难找到的情况下，也可以使用混凝土梁。

工作内容

- 寻找，喷钢砂，制作并将钢受力构件用螺栓安装到预制构件上——采用钢材原来的洞。
- 用膨化涂料作防火处理（如果钢结构承包商不承担这项工作，也可以改为在装修程序内完成）

减少的环境影响	回收钢材
生态指数（ep）	1000
生产过程的CO_2排放（Kg/100年）	8158
生产过程的能耗（十亿J）	2580
生态足迹（hm^2/年）	13

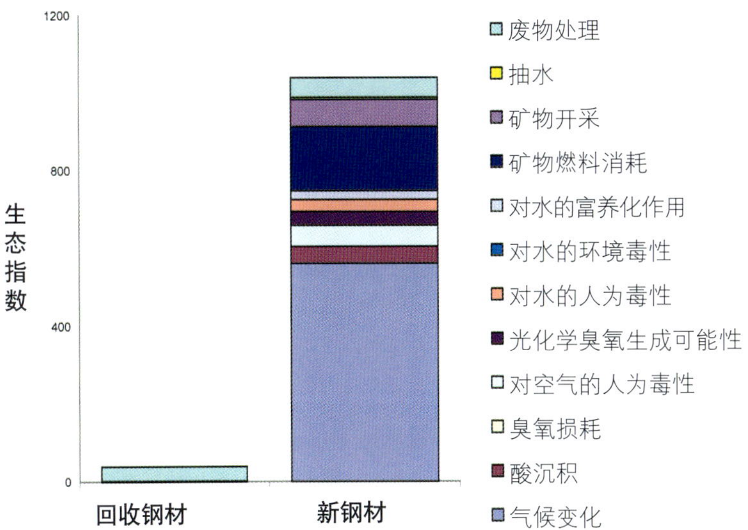

上图　从这个关于新钢材和回收钢材的生态指数的比较可以看出，两者的环境影响有着实质上的不同，可见，尽管钢材的循环再生比例很高，但它仍然极其耗能，因此仍要避免过多使用，不过，在需要大跨度的地方，使用钢材仍是不二选择。

概述

零能耗产品E是一个完全防水并高度隔热的系统，我们称为“屋顶花园”。这一系统由水平屋面板及其上的300mm厚覆土和普通草皮组成。它提供了一个私人室外绿色空间，提高了居民的生活质量，从而使房产增值。这在标准的三层公寓里是十分少见的特色，同时，如果居住者愿意，还可以在屋顶花园种植蔬菜和草药。

上图 每一户零能耗住宅都有私人室外绿色空间，可以说，屋顶花园是一个独特的卖点。

在零能耗建筑的北侧，屋顶花园在办公空间上方形成了一个厚重的保温屋面。从北面看，花园渐次从地面升起，避免了通常北向花园带来的阴影。所有的屋顶花园及其防水涂膜都有20年的无渗漏保证。

零能耗产品E——屋顶花园防水和超级保温

描述

E1 建造屋顶花园
E2 室外排水

屋顶花园是一个适合步行的绿色屋顶露台，它：

- 利用一个重型的绿色屋面系统，有300mm厚的覆土，满足一定范围植物的生长，从草皮到小灌木，或者作一个蔬菜种植园。
- 为办公空间提供一个高性能的保温隔热体。
- 为每个住宅提供一个充满阳光的花园，及安全的儿童活动场地。
- 为植物灌溉提供了一个室外绿水的出口，它可以连接到一个穿孔管自动灌溉系统。

工作内容

- 采购组成防水区域结构的板和砌块砖。
- 铺设防水膜并连接到排水口。
- 铺设最低污染的闭孔型保温材料及其他必备保护层，以满足上面的覆土及下水通道要求。
- 在施工中注意保护防水膜。

环境效益

在住宅密度大于100户/hm²的情况下，实现了每户3.5居室的住宅拥有一个20m²的私家花园。这充分表明，高密度是可以与良好的舒适性相统一的。

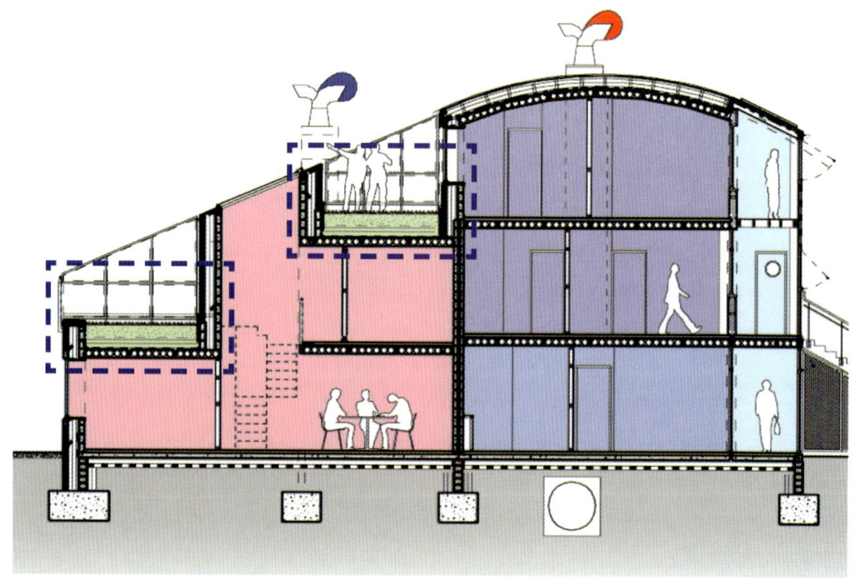

上图 图中虚线框处表明了屋顶花园与住宅和办公空间的关系——对于办公空间，它们形成一个重质隔热屋顶，同时，它们自身也达到足够高度以得到充足的阳光。

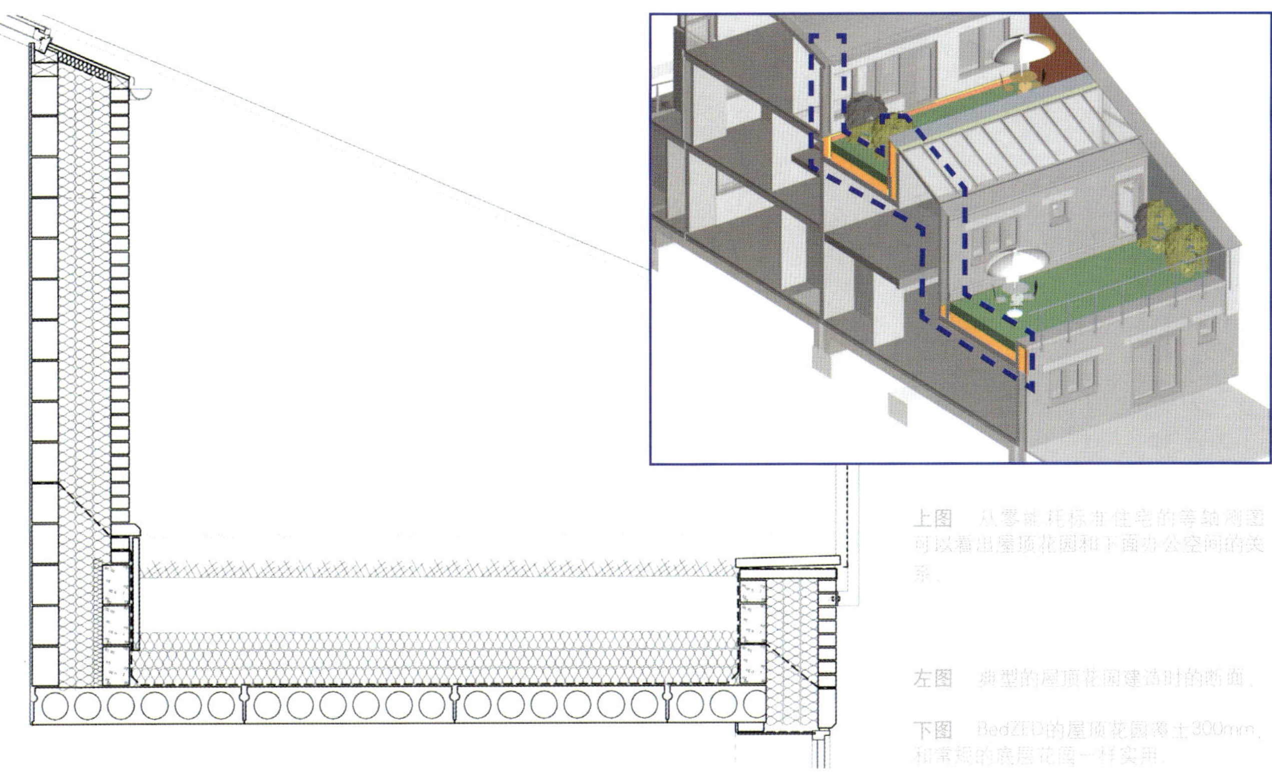

上图　从零能耗标准住宅的等轴测图可以看出屋顶花园和下面办公空间的关系。

左图　典型的屋顶花园建造时的断面。

下图　BedZED的屋顶花园覆土300mm，和常规的底层花园一样实用。

概述

对于屋面，零能耗产品F提供的不仅仅是水径流区。

绿色屋顶有多种功能，比如为昆虫和小鸟创造一个微气候，而这在典型的瓦屋顶或者沥青屋面是实现不了的。该产品也可以作为保水层避免雨水泛滥：这样可以采用更小的下水管道，减少其使用次数并合理使用储水箱。它们都是城市可持续排水系统(SUDS)的一部分，并且给人视觉上的美感。

上图 BedZEd里正在铺设的野生动植物生活环境，这也有助于收集雨水。

植物屋顶层是一种种子植物层，可安装在竖向接缝的金属屋面（自然屋顶系统）上，或是防水膜系统中300mm厚的闭孔HCFC的泡沫聚苯乙烯保温层上，在那里它同样起着保温隔热的作用。景天科植物是一种有着惊人生命力的植物，并可以地毯式铺设于黏质沥青上。

零能耗产品F——非上人屋面覆盖层（包括安全防落系统）

描述

F1 竖向接缝金属屋顶，可任意升级至以下两个屋顶系统中的一个
F2 自然屋顶系统 或
F3 油毡底植物屋顶层系统

这个绿色屋顶设计目的，是为使野生动植物生活环境最优化且无需高额维护费用。零能耗项目中的大多数水平面都可以进行种植，并且减少对顶层屋面的鸟类和昆虫的生活环境干扰。雨水也可以减慢的速度排放，避免从排水沟溢出，同时也防止300mm厚保温层（在油毡层上面）被冲走。

这种已经实际应用的屋顶系统可防止油毡和保温产品的紫外老化，因此增加了整体的耐久性。

金属屋顶也可以不铺设植物屋顶层，它可以让其组成部分比如光伏电板毫不费力地夹在一起，并在后期改造为绿色屋顶。同时，金属屋顶也能最大程度地收集雨水。

工作内容

本部分工作开始于顶层屋面板的施工，并包括：

- 将屋面系统安装到屋面板上；
- 供应和安装300mm厚的保温层；
- 给所有女儿墙加遮雨板；
- 供应、安装从屋顶到排水沟的连接；
- 安装檐沟，将雨水引向下水管，安装后并确保防水效果；
- 20年的质保。

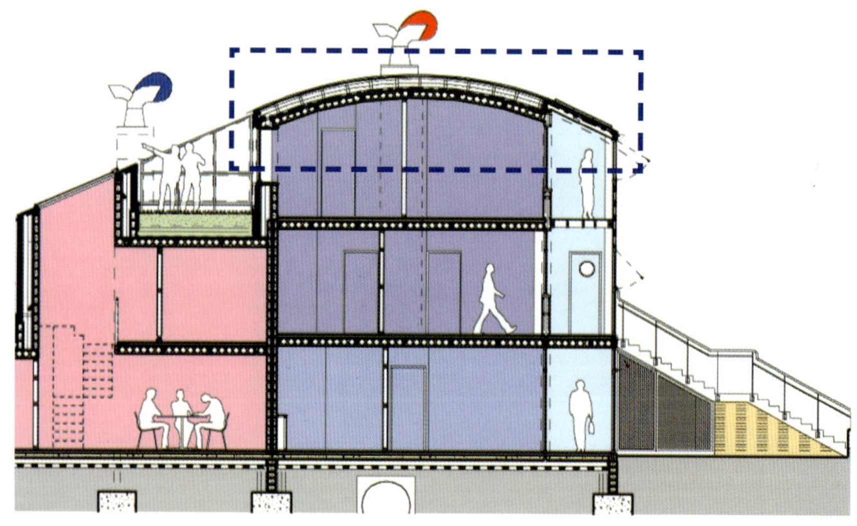

上图 上图虚线区域表示景天植物的屋顶覆盖层，景天植物覆盖在竖向接缝的金属屋顶上，其下为300mm厚的保温层，允许顾客在后期添加可再生设备比如光伏电板。

环境效益

选择景天植物覆盖屋顶可提供相当大的生物多样化价值，可以提供较大范围的生物生活环境，从物种丰富的草地到重新创造的废弃建筑基地。除了提供一种美学价值，这种屋顶通过吸收CO_2，使空气品质也有所改善。这种方法也可延长屋顶的寿命，以及辅助控制由于暴雨产生的负面影响。它对增加地区的生物多样化也具有巨大的潜力，特别是使用区域动植物群的地区。最近一项包括BedZED在内的关于伦敦的10个绿色屋顶和3个基地的研究表明，绿色屋顶上有着相当数量的无脊椎动物，伦敦23%的蜘蛛种类都可以在所选屋顶上找到。在这样一个小的样本点上，有着令人吃惊的生物多样化。英国地方生物多样性行动计划也确定了一系列的受益于绿色屋顶的物种，包括蝙蝠、几种鸟类（比如国际稀有保护动物黑红尾鸲和家雀），还有甲虫、苍蝇和黄蜂。

竖向接缝金属屋面可用作为雨水收集表面，按平均降雨量770mm算，一个 6 单元联排住宅的年集雨量为363m^3。

在收集雨水方面，景天屋顶没有金属屋顶那么有效，因为它吸收了少量至中等的降雨量到植被中，一个 6 单元联排住宅的景天屋顶的年集雨量大概是174 m^3。

零能耗产品最适合为某些特殊场地的生态系统提供设计服务以及一系列的绿色屋顶环境，也包括毛石（褐色）屋顶。

上图 景天屋顶为零能耗开发区提供了一片空中绿地，并为蝴蝶和鸟类提供了一个野生环境。

上图 BedZED景天屋顶和光电设备的鸟瞰图。

概述

零能耗产品G是中间充氩的断热式三层玻璃采光屋面，按现行最高隔热规范建造，采用的透明玻璃上层为钢化安全玻璃，下层为夹层安全玻璃。

采光屋面为铝合金粉末喷涂，使用完全可拆卸密封垫片以便将来的维修。他们完全密封，从窗框没有任何的水汽通道。采光屋顶用简便密封条安装。

采光屋顶保证了办公空间有可靠的北向采光。

零能耗产品G——三层玻璃采光屋面（隔热型）

描述

用于生活／工作单元的三层玻璃的采光屋面的规格说明如下：

- 三层玻璃：窗格平均传热系数为0.6 W/m^2·℃，传热系数包括了窗框1.0 W/m^2·℃。

北向采光屋面每7.5m柱距设两个开启天窗，由手动开关控制。

采光屋面有：

- 最大光线入射角，使室内的光照最大化；
- 最小限度使用高耗能的铝材；
- 耐用的手动远距离操作装置，不需要电能。

当压力在50Pa以下时，系统是密封的。

工作内容

- 在结构开洞处和天窗之间设置一道木质垫圈，以调整误差并作为安装的水平面。
- 采购、安装采光屋面，且与安装面之间保持密封。
- 采购、安装所有相关的遮雨板，墙顶盖和排水沟系统。
- 安装绳控采光窗。

环境效益

即使是三层玻璃装置，其热损也是标准零能耗建筑墙体结构的10倍。因此，如果能做到以最小的开孔面积将有效日照最大化，那么，要使人工电力照明用量最小化最可行的方法就是采用屋顶天窗。

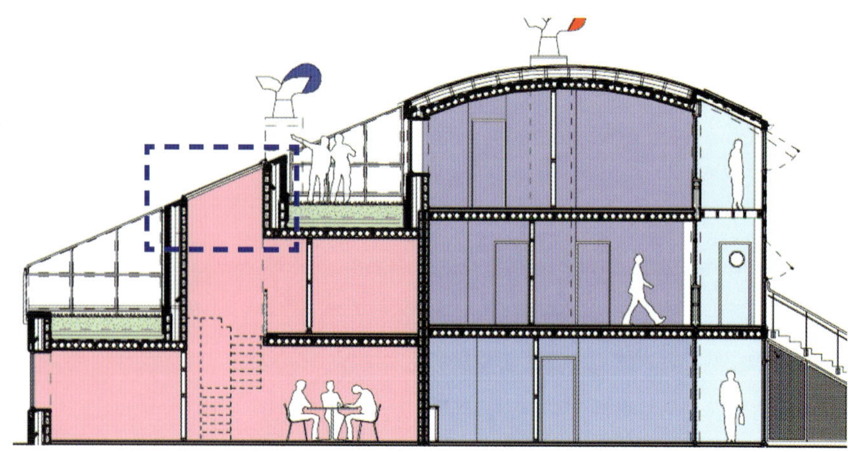

上图 上图的虚线区域表示采光屋面的位置。朝向北面，他们为工作间提供了极好的稳定自然光而不会出现眩光现象。

上图 处于屋顶花园之间的采光井为ZEDs提供了一个与众不同的露台。

上图 “零能耗方案的办公空间”处于每个单元区的北面，朝北面的采光屋面为其提供了充足而稳定的日光。

上图 BedZED的采光井和屋顶花园的鸟瞰图。

概述

零能耗产品H系列是双层玻璃软木框结构的窗户系统。其中一些整合了双波光伏板和再生或FSC木框架作为结构系统。

在BedZED，这些产品安装在每一个朝南的阳光室。在一年的大部分时间里，阳光室都可以作为另一个起居空间。它作为对室外的一个缓冲区，同时也是一个装有可发电的光伏电板的立面。

上图 在资金允许时，光伏板可以组合到立面中。

零能耗产品H——双层玻璃木结构墙

描述

H1 木结构幕墙
H2 带铁连接件的玻璃窗
H3 固定玻璃窗中的光伏电板

阳光室其实就是一道由四层玻璃构成的玻璃墙，只是在两层中空窗格之间有第三个宽大可居住的空气层。当它朝南时，其得热大于散热（通过太阳能吸收），确保阳光和自然光线能照进建筑的深处，可以大大减少建筑所需的人工照明的时间。

窗的规格要求为：中间玻璃窗格的传热系数为1.0 W/m²·℃，总传热系数（含窗框）为1.6 W/m²·℃。

这是一个木框架结构系统，可以承受内阳台的荷载，与门扇布置相结合，并嵌入了光伏板的电缆。

所有的构件都在工厂制造，表面经过高级建筑着色，4～7年内应不需表面处理。它们用软木芯材制成，比传统的软木框架更不易腐蚀老化。

工作内容

- 提供及安装金属固定板至结构板，以连接木柱；
- 提供及安装木柱；
- 提供及安装室外玻璃板并固定至木柱；
- 连接光伏板至顶部电缆盘；
- 密封结构至50Pa；
- 建造回收木结构框架用于内玻璃板安装；
- 安装内玻璃板，并密封至50Pa。

环境效益

一个超保温的被动式太阳能立面可以减少冬季空调采暖能耗的30%，这样可以减少大量因采暖产生的CO_2排放。

左图 BedZED的太阳能立面——每户都由居民进行了个性化布置。

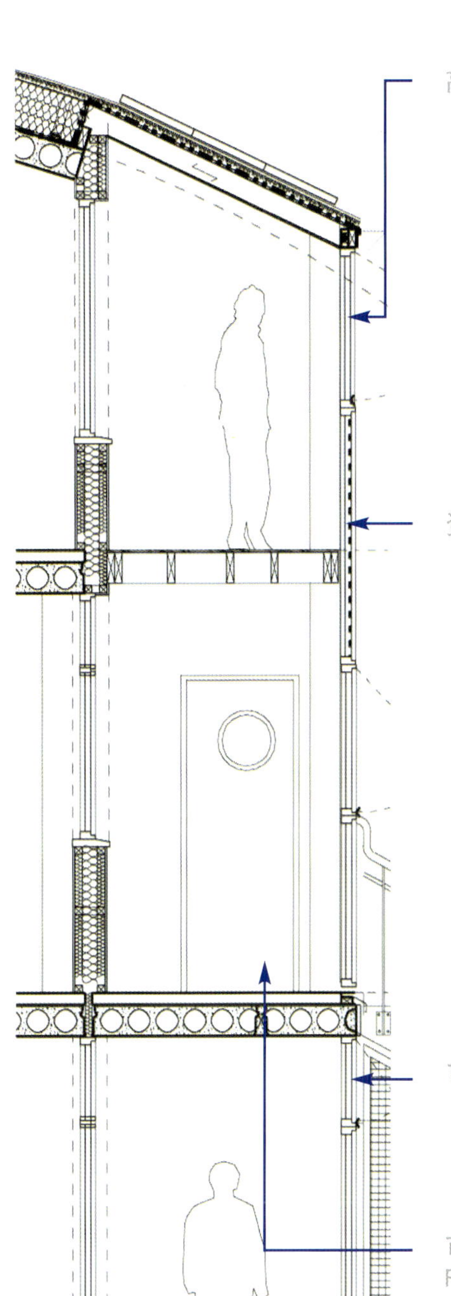

高性能双层玻璃窗和门

资金允许时组合进光伏板

可开启通风窗

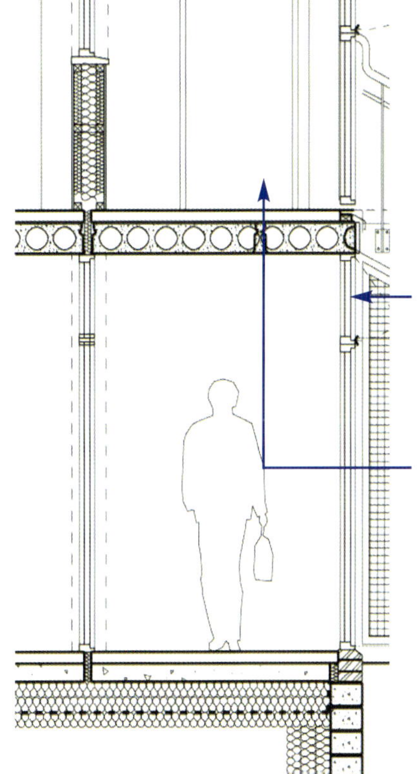

可选：本地橡木结构、FSC木材或再生板

上图 阳光室满足了很多使用功能，并作为对室外的缓冲区，该产品可以减少房间内夏天的过热，在冬季把寒冷挡在室外。允许嵌入光伏板，并使用满足ZED标准的窗户，这个产品是实现性能卓越、并能得到时间验证的住宅的关键。

上图 如果有预算的限制，阳光室作为将来防护措施的一部分，可以延后再加。

上图 软木框架很容易安装，其上的镀锌支架用于支撑每个窗扇。

零能耗产品I——三层玻璃断热门窗（带墙中空腔托盘）

概述

零能耗产品 I 是一种木框三层玻璃窗，四周桦木板面，并带聚丙烯窗洞托架。这种斜开可转动的窗户在较高楼层也可以清洗。

即使性能最好的窗户散热量也是同样面积墙的10倍。因此，窗户尺寸和与热量损失以及与之对应的自然光和对外联系之间的平衡要仔细考虑。零能耗方案中的东、西、北窗都采用低辐射镀层三层玻璃窗，达到商业上可行的最高标准。

上图 为了加快三层玻璃窗在300mm墙中空腔处的安装速度，我们开发了一种预制的窗盒，带有空腔封口及周边的木框。

整个整体的盒状窗户用螺钉安装在混凝土砌块内叶墙上。空腔托架避开盒形装置，用自粘胶粘结。窗盒能很容易用压条密封或现场用玛蒂脂密封。

描述

I1 三层玻璃窗

I2 带视窗和连接件的外门

窗户的中间窗格玻璃的传热系数为0.6 W/m²·℃，包括窗框的平均传热系数为1.0 W/m²·℃。

40%的外框在工厂制造，采用经过FSC软木，表面经过良好处理着色，4～7年不需表面处理。它们用软木芯材制成，比传统的软木窗框更不易腐蚀老化。

窗户的供货包括连接件和安全节流器，满足夜间及假期通风。不需要安装另外的滴流式通风设备。

桦木板/盒根据窗户结构在工厂预制，达到50Pa完全气密性。这可以预装玻璃的窗户组件能固定至内承重墙，它悬臂在300mm的窗洞上，保证其密封性能。这样，建筑内部不受风雨影响，而且外墙可以在不影响关键途径的情况下完成。

工作内容

- 提供窗组件，按标准RAL颜色，配好玻璃和全部垫圈；
- 桦木窗盒内工厂定制的窗组件；
- 提供和安装窗组件至结构预留孔内；
- 密封至50Pa 气密性。

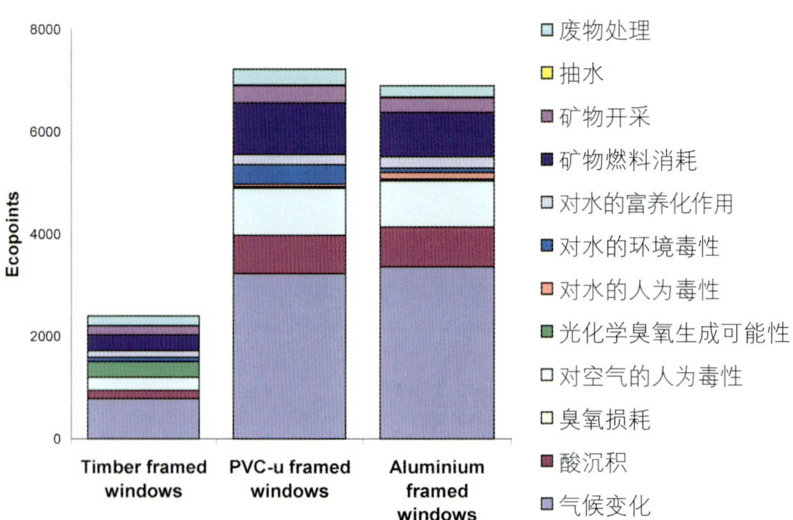

上图 木材、PVC和铝合金窗的环境影响比较图表。木材的环境效益高于PVC是显而易见的。数据由BRE提供。

上图 当地FSC认证的框架和特制的墙拉杆形成一个300mm窗洞，预制的窗盒用螺钉固定其中。

左图 使用低辐射、低传热系数、满足零能耗标准的三层玻璃窗的断面图

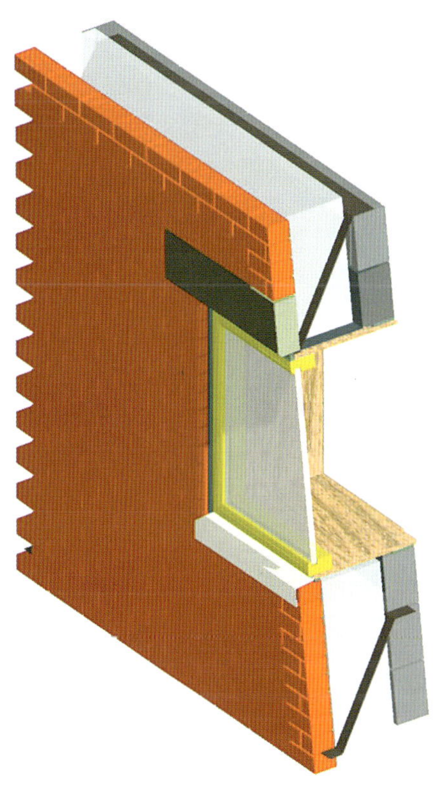

上图 局部断面图 显示安装在零能耗建筑上的三层玻璃窗的黄白色窗框（涂成白色满足最大程度日光渗透）

概述

零能耗产品J是一种经久耐用、带有传统风雨板的覆面系统，可以脱离关键途径建造。它形成了一道带有300厚保温层的超保温中空墙体，外侧可以使用各种覆面材料，包括砖、陶砖、涂料或木质风雨板，可根据当地资源和文脉条件选择。

不同于其他高技术或预制产品的是，这一系列传统覆面系统可以取材于当地材料，由当地人工建造。这首先节省了材料长途运输的能源，还推动了反映当地地方特色的传统的发展，并为当地提供了就业机会。这样的建筑不仅坚固耐用，而且易于建造和维护。

在BedZED，当地的橡木和风雨板都在外墙作为面层使用。

上图 在每个零能耗开发中，外墙材料具体的规格会有所不同——根据当地资源、设计要求以及当地民俗，每个设计会为不同地区作出正确的选择。

零能耗产品J——外墙处理

描述

根据当地条件的不同，以下列出了可能应用在组合里的选项：

J1 **砖，带外墙连接件**
J2 **陶砖，带外墙连接件**
J3 **木材：回收或FSC结构用木质板墙筋和当地FSC风雨板（带外墙连接件）**
J4 **直接粘结在内侧墙上的保温涂料系统**
J5 **门窗过梁**

特点是：

- 以风雨板饰面的中空外墙，300mm厚中空层内填矿棉保温材料。
- 双向的不锈钢连接件将饰面层连接到内侧墙成为整体的承重砌块墙，也可以用外侧的连接件将固定风雨板或砖砌块的木框架墙筋连到内侧墙。
- 整个维护结构的传热系数一直保持在0.1W/m²·K，这符合并超过2002年建筑规范墙体的传热系数0.35 W/m²·K。

工作内容

- 开始于底层楼板和防水层标高，外侧墙与中空层的保温是共同建造的，当第二部分的连接件（外侧墙的）插入已预埋在内侧墙的第一部分连接件后，才能进行保温施工。
- 在墙体洞口处需要特别注意，确保在窗框和外侧面层之间有连续的密封措施。

就地取材所减少的环境影响	砖
生态指数（ep）	147
生产过程的CO_2排放（$kgCO_2$/100年）	21970
生产过程的能耗（十亿焦耳）	290
生态足迹（hm²/年）	16

下图 下表比较了采用当地砖和一般用砖的环境影响——两者的差距很小。零能耗工厂提倡就取材是为了加强当地就业和基础设施建设的重要性。

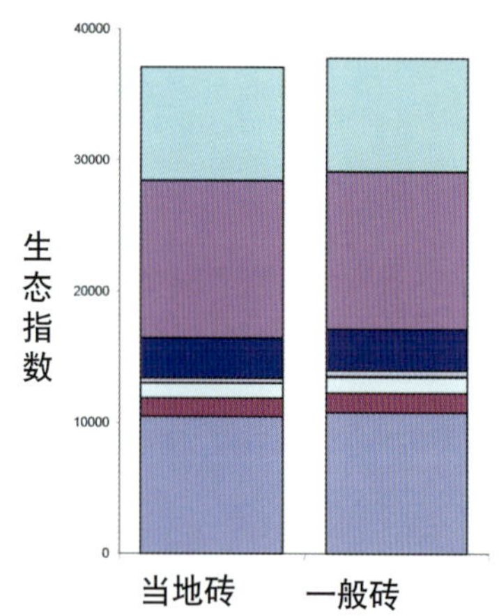

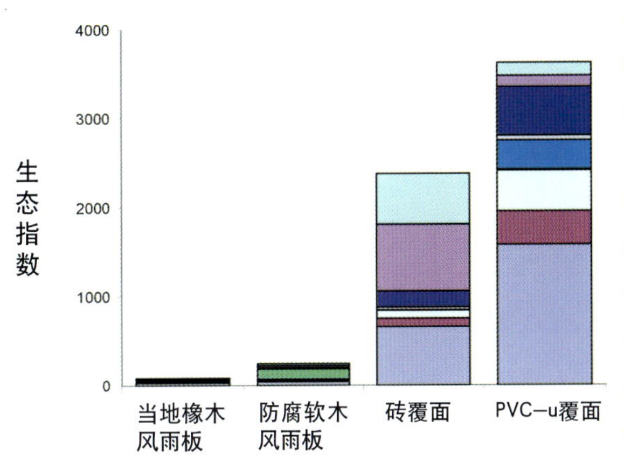

左图 各种可能的墙面处理方式所产生的环境影响比较—FSC橡木是零能耗工厂的材料。

下图 当地出产的橡木作外墙面层，在BedZED方案中，未经处理直接与砖相连，创造出坚固、温暖、充满吸引力的立面。

环境效益	软木	砖
生态指数	161	2300
生产过程的CO_2排放（kg/100年）	4630	204000
生产过程的能耗（十亿焦耳）	170	2600

上图 一个现代的山墙立面，利用木质风雨板和当地的砖极大地体现了地方性，得到广泛认可。

概述

零能耗产品K——铝质墙顶——提供了一个保护建筑最暴露区域构造的预制方法。以片状形式，铝很容易加工成需要地各种形状，并且不再需要其他的保护措施。

上图 耐用、有效而美观的铝质墙顶在零能耗方案里用于为那些大的中空墙压顶。

尽管铝本身的耗能量非常高，但在缺乏同样性能的材料的情况下，这是用在这里最好的材料了。因为它不再需要如何的面层处理，而且非常耐用能够提升建筑的使用寿命。

零能耗产品K——铝质墙顶和窗台

描述

这是一种非常宽的顶盖，用于联排单元的边界，作为内外双层墙和300mm中空保温层的压顶。它与天窗遮雨板在需要的地方分开，不过可能是由同一承包商安装。

工作内容

- 实地测量，确定安装尺寸小于误差；
- 提供和安装单元边界墙体的铝压顶；
- 提供和安装外窗台；
- 提供和安装所需配件，解决施工误差问题，留下一个尺寸完全合格的产品。

环境效益

通过结合铝质外窗台和软木窗框，对能源密集型的材料铝的使用已经达到最小化，仅用于最受风雨侵蚀的表面，窗框的使用寿命因此而加倍。

上图 这种压顶使零能耗工作室有可能将北向剖面设计成流线型，以实现零能耗设计在任何可能的地方都引入阳光。

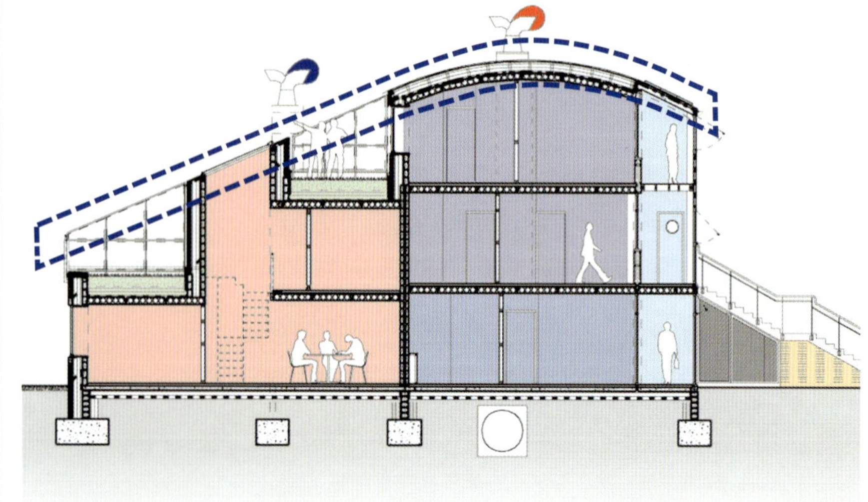

概述

为了保证被动式热回收工作的高效性，内部空间必须密封，与外部空气的换气次数应满足50Pa压力情况下为2次/小时。在过去整幢建筑的气密性是要不同承包商来共同负责，这种方法已被证明不利于管理，并且会使每一个工作模块造价上升。

零能耗产品L的所有组件均按满足气密性标准来设计，而新的气密性专用工作模块的建立是为了专门负责密封工作，进行必要的压力测试和修复任何遗留的缝隙。

虽然粉刷和找平工作不是由同一承包商完成，但它们也包含在零能耗产品L中。这些处理在提供了隔声与用于涂刷表面的同时，也密封了内部。

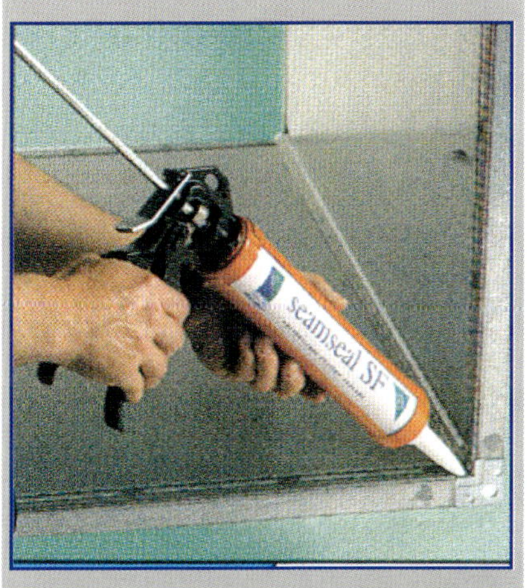

零能耗产品L——气密/隔声（密封服务）

描述

L1　对中空板进行找平，加隔声垫
L2　粉刷
L3　密封窗、门和水泥板结合处

尽管许多建筑元件是多孔的，但是空气泄漏常常出现在两个构件的连接处。这个工作模块是用来确定缝隙可能出现的位置并密封这些区域的。

下一阶段是对一些样本单元进行压力测试。这通常意味着将相邻单元中被测试的单元的加压，因此只记录室内外间的空气泄漏。然后用烟雾充满这个单元，这样便于确定缝隙的位置并方便密封。

在一定数量的单元都用这种方法测试过以后，所有的单元共同的泄漏点就能被确定，并且被密封，并非所有的单元和房间都要进行进一步的测试。

湿灰浆通常用于预制砌块体和砌墙。这样可以提供一个适合装修的粉刷面，并且也密封了多孔砌块墙。

水泥砂浆层也是一种标准产品，也有相似的功能，可以消除楼板结构的不规则部分，得到一个光滑平整的地板。

工作内容

抹灰浆和找平

- 清洁和准备室内的工作；
- 在预制地板上铺设隔声垫层；
- 批砂浆，使地面达到正确标高。
  （注意：由于预制地板上有凸起，砂浆的厚度应在75～97mm，在有隔声垫层时为72～92mm）

气密性

- 对建筑进行严格地检查，对明显的洞和缝隙进行密封；
- 进行气密性测试，在压力达到前确定仍存在的漏气点；
- 获取合格证，证明满足规范。

环境效益

这个ZED产品有间接的环境效益。在一个隔热很好的建筑中，超过一半的热损失是由通风系统产生的。热回收系统只有消除了建筑围护结构漏风，才能高效地运行。

里程碑：

到这一阶段，密封性和隔声性能已经满足了。

进行气密性测试是为了保证每个单元满足2次换气/h 50Pa的标准。

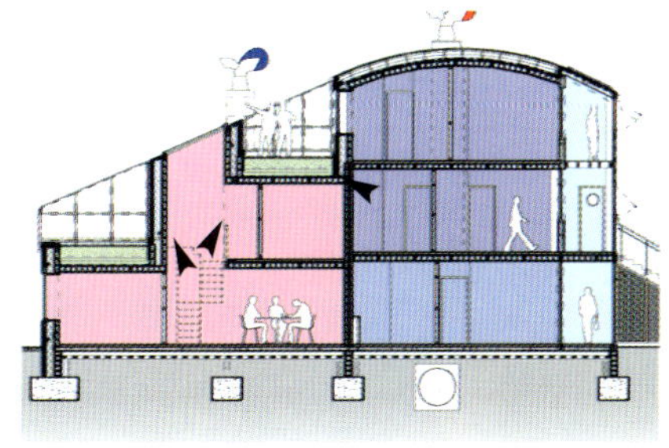

零能耗产品M——自然通风系统

概述

零能耗产品M提供了被动式烟囱效应的通风管道与具有热回收的风帽，这种风帽可以追踪风向并产生风压向建筑提供充足的健康新鲜空气而不需要能量输入。

建筑需要良好的通风以得到健康的室内环境。然后，一旦建筑具有了很好的隔热，通风口的通风所造成的热损失，占总热损失的50%。因此从通风中进行热回收变得非常有价值。传统的热回收是由鼓风机辅助的热交换器来实现的。然而驱动鼓风机所需要的能量几乎等于使用热交换器所节省的能量，因此失去了热回收的效益。

通过与Vision和Arup合作，零能耗工厂已经开发出了一套由风驱动的自然通风烟囱系统，在这个系统中向外排出的陈旧空气对进入的新鲜空气进行预热。

这一系统应用了被动式烟囱通风的原理，主要的使用期是多风的冬季，但在某种程度上也适用于无风情况。风帽下的大尺寸换热器对排出空气所携带热量的回收可达75%以上。

描述

M1 热回收通风帽
M2 带有房间送风口的管道设备
M3 热回收机械通风系统（可选）

通风系统可以分为两部分：

1）在建筑建造过程中，在垂直管道中安装标准的镀锌钢管，这些管道终端的进排风口设在指定的房间（通常从厨房和浴室排风，送风口设在起居室）。排风与送风口都是标准件，安装在承重管道周边的木柱隔墙上。管道尽端位于热交换器和风帽设备下的静压箱处。

2）热交换器和风帽单元安装在屋面板的竖向构件上，它们安装的气密要求很高，并与静压箱相连。为了避免噪声的传播，对管道进行隔声处理。

上图　靠分户墙安装的通风立管，为各个房间排出废气送入新风。

这个产品模块由许多部分组成，分别在施工的不同阶段安装，从建造内隔墙时的管道安装，到内墙装修完成后的格栅固定，它贯穿了建筑建造的不同阶段

机械通风选项，利用大尺寸换热器和低能耗风机来补充完成由烟囱效应引起的空气流动。在完全使用自然风驱动模块非常昂贵的情况下（在将来能升级改善），这个机关非常有用。这两个选项都需要用肥皂水对换热器进行清洗，清洗的时间间隔与安装位置有关。

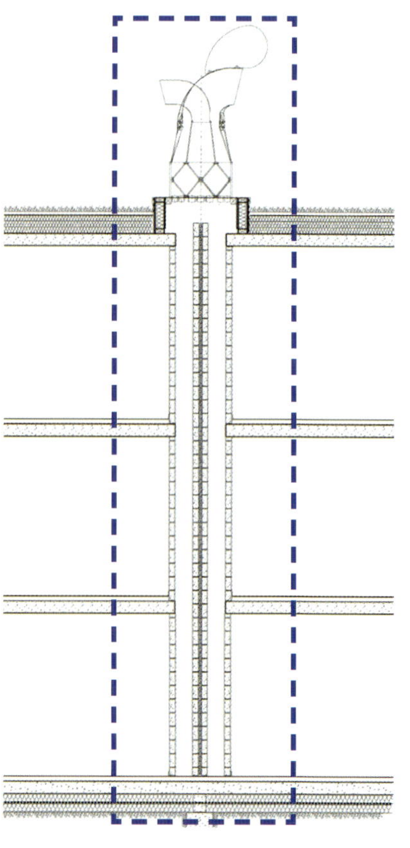

右图　ZED in a dox单元的BB剖面——出屋面通风帽加以热回收器和静压箱完善，保温立管及通向每个室内空间的钢质通风排气管，同时有可封闭的通风口便于用户控制，无过敏的涂料和面层以及良好的通风系统给零能耗住宅的居民带来极佳的室内环境。

工作内容

- 第一阶段：将镀锌钢管安装到立管中；
- 第二阶段：在立管的石膏板面上加装出风口；
- 第三阶段：提供并安装通风帽及热回收装置到屋面立柱，并与静压箱相连。

环境效益

电动的空气对空气热回收系统每年的用电量大于250KWh。这项工作模块节省了这部分能源和相应的碳排放。这部分的年用电量需要2.5～3m^{2}的光伏电板才能提供。

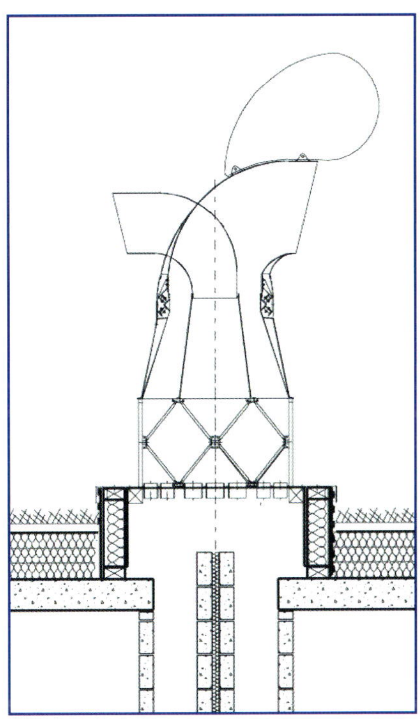

上图 零能耗通风帽的剖面，位于屋顶露台，四周围绕景天屋面覆盖层。钻石形的是热交换器，可以确保进入的冷空气先被排出的热空气预加热。

这一设计是由零能耗工作室（ZEDFactory）和ARUP共同发展的，目前已经注册。

上图 在BedZED穿越屋顶视角的照片，色彩明快的风口已经成为当地的谈论热点，并开始显示方案的特色。

上图 一种专利的风口，装在每个室内空间，通过它，居民可以控制气流的进或出。整个系统不需要风扇，而且十分简单，几乎不需要什么维修保养。

上图 当你看到零能耗建筑的屋顶时，它的环保系统特色是显而易见的——被动式热回收风机上方的通风帽，光伏电板发电供电动汽车合用组织充电，以缩短自身的成本回收周期。

概述

为了实现可持续装备，零能耗产品N采用了当地材料和回收材料，也包括低能耗的材料。对于没有蓄热体的内隔墙和地板而言，这可能是包含能源最少的解决方案。

上图 依靠当地可获得的材料，采用FSC认证材料和可回收的木材的组合体系来制成ZED构造构件。

上图 成捆的可回收的木材，在被检查和清洁之后，被通过站点的承包商作为新的支撑构件用在建筑中。

零能耗产品N——内部木装修、隔墙、门和楼梯

描述

N1 由回收的木材和石膏板做成的非承重内部隔墙
N2 回收的内门和相应的五金件
N3 木地板和托梁
N4 木楼梯

尽可能使用去掉钉子的回收木材和FSC新木料来做隔墙，这种隔墙由石膏板包裹、固定和填充。为了防火和隔声，浴室和厨房的隔墙支撑部件用防火材料包裹。考虑到将来需重新安装，所有的木隔墙均设计成可拆卸的。

根据当地的供应情况，内门可能来自回收库存，对于每个特殊项目由当地供货储存；阳光室阳台地板可由回收木材制作；内部楼梯是标准的软木预制构件。

收集回收材料非常耗时且不可预测，但是提供相应的服务可以消除争议，就像通常的供应商以固定的价格提供产品一样。

工作内容

- 将内部非承重隔墙和隔断固定到中空楼板上，如果需要的话可填充隔热材料；
- 按要求对所有隔墙用一到两层石膏板做干法施工；
- 按要求对短墙内部隔热；
- 收集，拆卸并按标准尺寸切割回收木材；
- 收集、堆放和安装回收地板和门；
- 安装和保护楼梯。

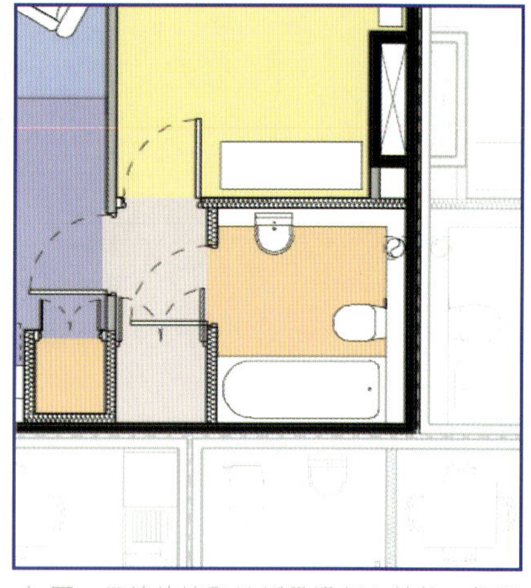

上图 尽管外墙和地板是混凝土结构，但所有的内墙都是木结构，以使得空间实现最大程度的灵活性和随着时间发展的功能转换。

环境效益	回收木壁柱	回收地板
生态指数（ep）	380	69
生产过程的二氧化碳（kgCO_2/100年）	63640	2370
生产过程的能耗（十亿焦耳）	1060	39.5
生态占地份额（hm^2/年）	174	1060

上表 上表表示在BedZED使用回收木材与使用新木材比，所减少的环境影响。数据由BRE和Best Foot Forward提供。

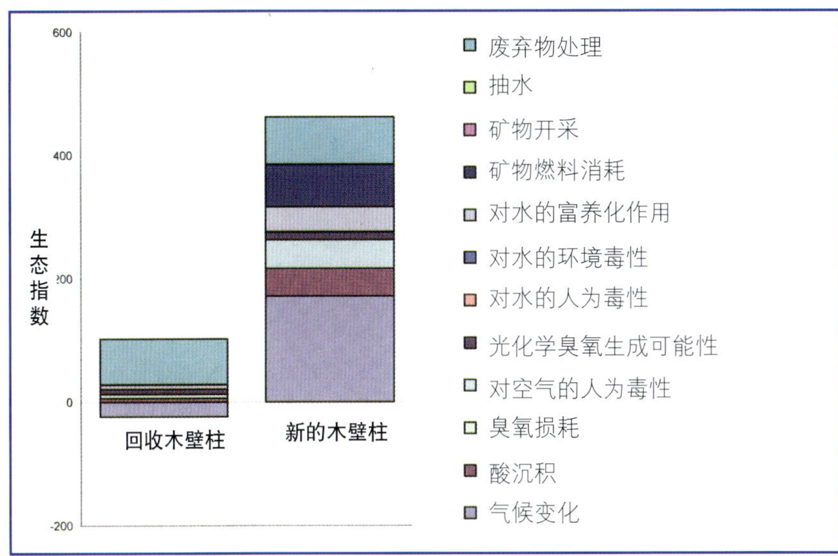

上表 新的和回收的木壁柱的环境影响比较表。数据由BRE提供。

上图 在BedZED项目中使用了54000m^3回收木材。

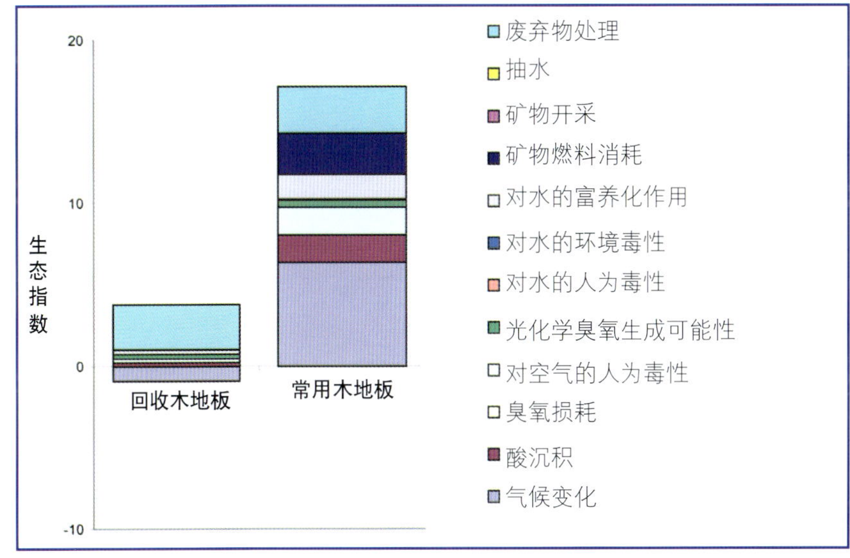

上表 新的和回收的木地板的环境影响比较表。数据由BRE提供

上图 在BedZED使用的FSC认证的胶合板。

右图 零能耗标准住宅类型中使用的预制木楼梯和木壁柱，使室内空间的灵活性最大化，而对环境的影响最小化。

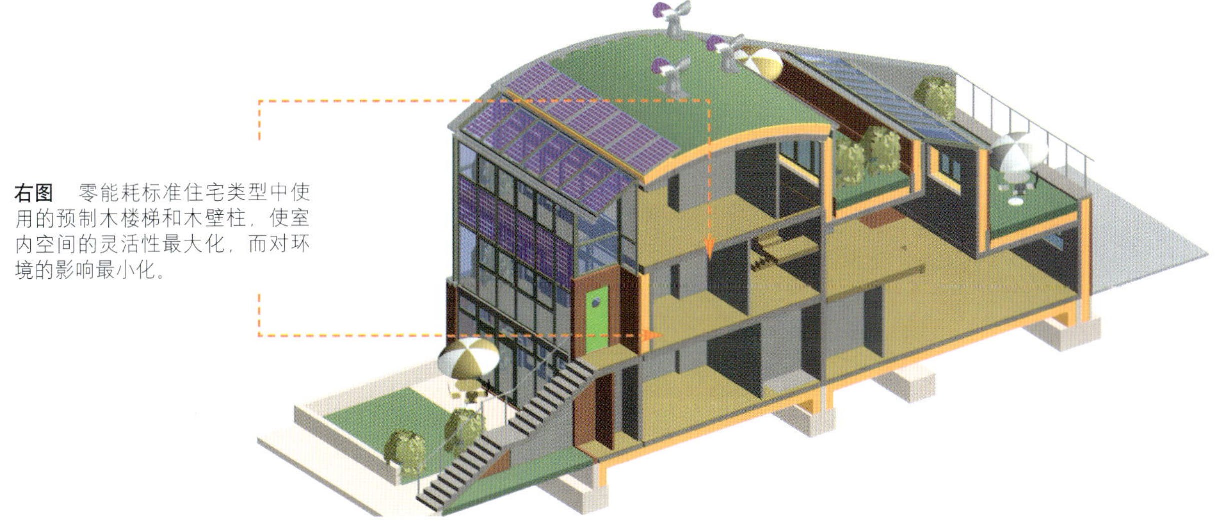

概述

零能耗产品O是一个预制的通风橱柜式装置，包含热水供应系统，所有测量仪表以及住宅的能源供应系统。这个装置巧妙地应用了预制技术，将所有需要专门制造的高科技项目集中到一个工厂制造单元，到现场只需要简单地接通电源就可以。

仪表在住宅中有非常重要的作用，它帮助居住者知道能源的使用情况。在英国有一种待认证的仪表，它可以将这些信息直接转算为等价货币值。

这些仪表可以通过主电缆发送信号将信息传递给公共事业公司，因此实现远程抄表。

上图 一个大的家用圆筒式热水箱带有一个备用的浸入式热水器。

零能耗产品O——带备用加热器的热水存储器

描述

这个装置由木筋框架的高箱子和包含通风橱柜的贮存空间及以下空间组成：

- 一个加热元件集成在橱柜里提供800W的备用热源；
- 与浴室水暖系统和阀门连接；
- 将插入式线缆用户的设备连成一体；
- 为了与热电联产或太阳能热水器一起使用的两个容量为140L的圆桶加压热水系统；
- 圆桶上使用浸入式加热元件的手动开关。

热水加热系统由恒温器控制，并且由选定的供热装置供热（见ZED产品V）。

工作内容

- 提供并安装预制设施；
- 留下连接标记，并准备与住宅总的水暖系统连为整体；
- 封闭通风橱柜装置，为安装好后的调试与运行作准备；
- 提供调试和故障维修服务。

环境效益

按2000建筑规范要求，集中燃气供暖系统的费用大约是2500英镑/户。在零能耗建筑中这个费用可以取消，在安装了ZED产品O以后，节省的费用可以用于围护结构的更新和可再生能源的提供。

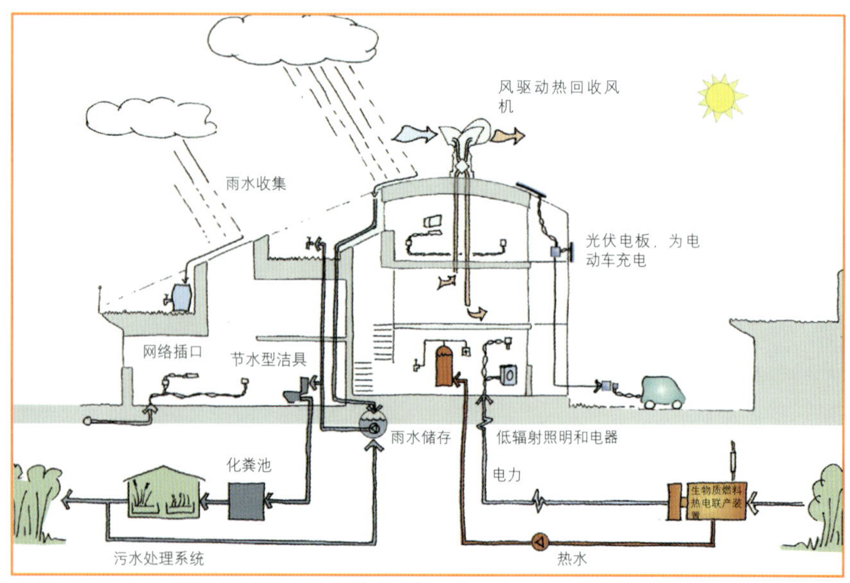

上图 本图为BedZED零能耗住宅中机械电力装置的示意图，解释如何将不同的方法结合在一起创建零碳的未来之家。

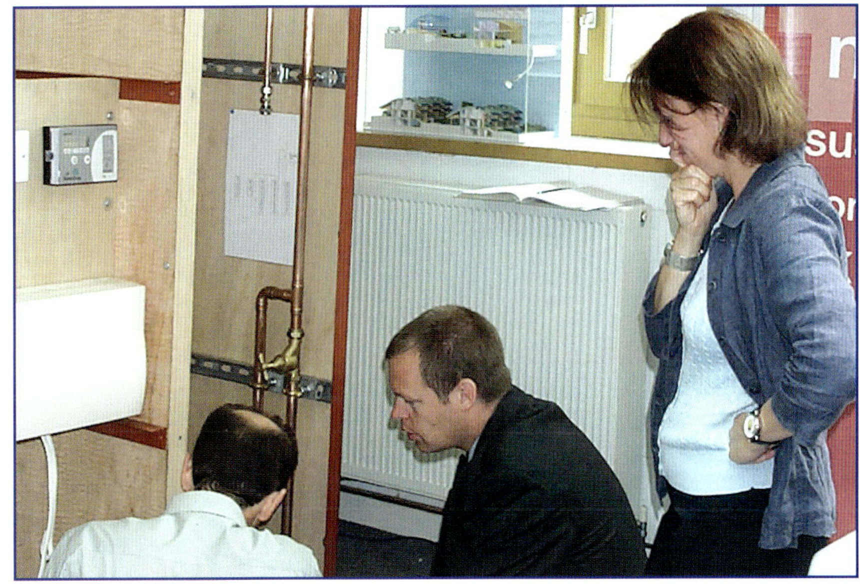

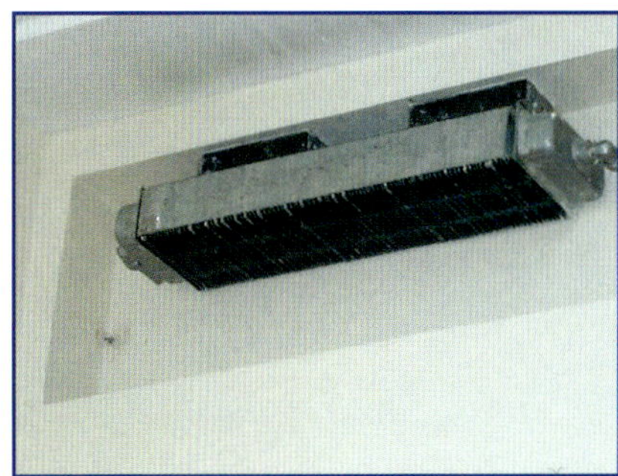

上图 BedZED住宅内的片状管式散热器，用于走廊连续加热。

左图 可以使用的装置模型，容纳从热电联产到太阳能热水管的一系列设备。

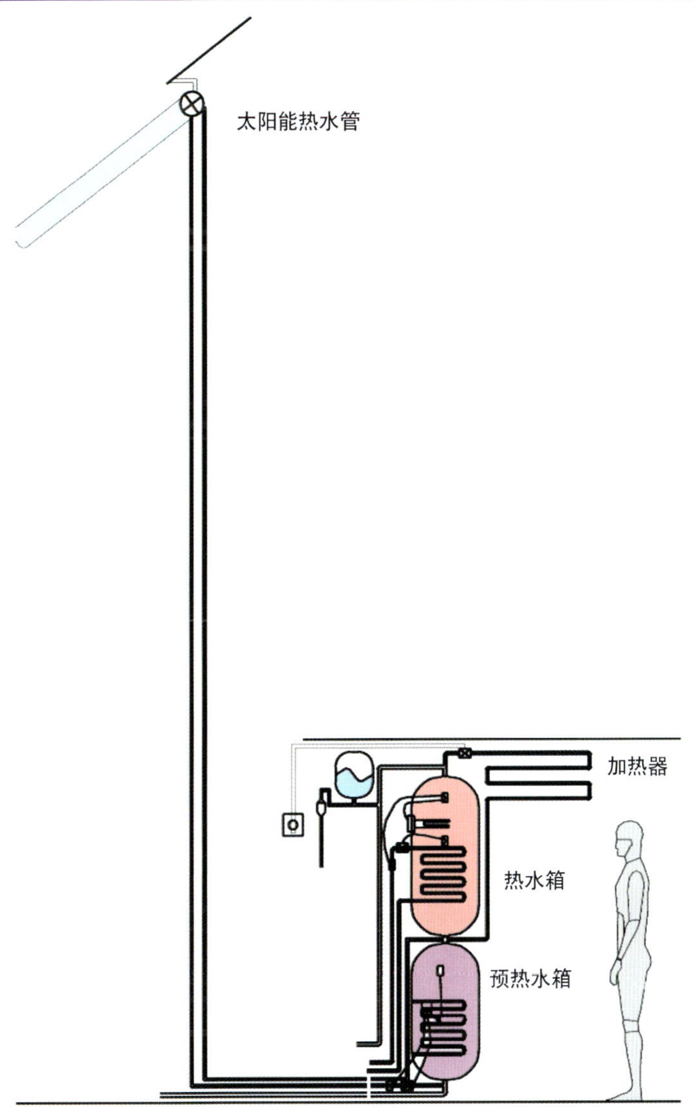

上图 示意图表示所有设备集中于一处，易于检修及控制。

上图 非现场预制的装置接入平面中，减少了现场的服务时间。

零能耗产品P——管道设备

概述

由一家承包商提供水管的连接件、出水口和落水斗。

除了例外的绿水系统，这个工作模块应该说不是很复杂，从某些方面来说比标准的安装工作还更简单。这里没有散热器回路，而且所有的管线进口都集中在一起，以便安装。

上图 最高的屋面作为雨水收集装置，将雨水汇集到地下的储存罐中，用来灌溉和冲洗洁具。

上图 所有的出水口、落水管和落水斗都为专利产品。

描述

P1 中水管道系统，从地下储存罐到厕所、洗衣机和花园浇灌系统
P2 雨水斗、室外排水系统和落水管接入中水储存罐
P3 用水干管
P4 污水排放

冷热水供应采用标准的管道设备系统。厕所、洗衣机和花园供水口采用单独的绿颜色的管道安装。在存在其他可能选择的情况下，尽量避免选用PVC管材。

从落水管到地基中的雨水储存罐经过一个过滤器和水泵房，潜水泵将罐中的中水加压进入供水回路中。

工作范围

- 安装干管和绿水管道回路；
- 将预制通风橱柜装置连接到用水设备；
- 连接所有的污水排放装置；
- 安装雨水管和落水斗，并将其连接到过滤器和储存罐；
- 安装中水泵；
- 负责调试和设备维修。

环境效益

在一个6单元联排住宅中使用中水系统，每年产生450m^3，如果安装节水型器具的话，足以供应洗衣机、厕所以及灌溉用水，这可以减少约20%的主要用水需求。

上图 普通的管道系统与使用住宅再循环水的中水系统相结合，使对市政供水的要求最小化。

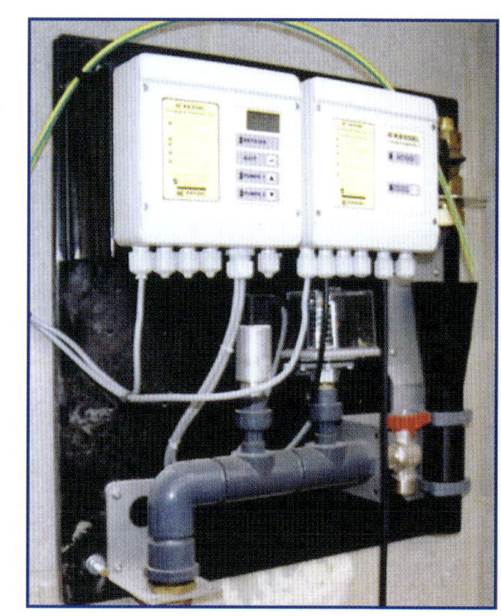

上图 在每个零能耗联排住宅的最后一个单元，有一个装有水泵的控制柜，将水从地下储存罐（见零能耗产品A）打到卫生间。

概述

零能耗产品Q是一个建筑外维护结构的装修项目。简单的螺栓固定的镀锌构件，既可以作为植物的攀爬网格，又满足了防跌落的要求。

上图 在BedZED，预制的镀锌钢阳台对潜在的住户来说是一个极富吸引力的特色。它们简单而坚固，而且它们的主人还可以用各种方法加以装饰，比如说，用灯心草或竹子制成一个私密的屏风。

零能耗产品Q——室外栏杆和扶手

描述

预制的热浸镀锌栏杆的标准单元都是非现场制造的，它由焊接网格、角钢和立柱扶手组成。设计的目的是避免复杂和昂贵的节点和接口，直接可以用来安装。

这些金属制品最大程度地设计得透明和耐用，同时最低限度地使用有毒的防锈漆。

工作内容

- 检验完工区域，接收栏杆施工方；
- 为屋顶花园和楼梯提供和安装所有的栏杆扶手。

环境效益

采用热浸镀锌钢材不需要再加面层漆。在通常的项目中，为了达到耐用要求，还需要增加一道高挥发性有机复合漆。

上图 屋顶花园最多地使用了零能耗住宅的钢栏杆工具包。那里提供了一系列宽松的材料选项，可以满足各自的需求。

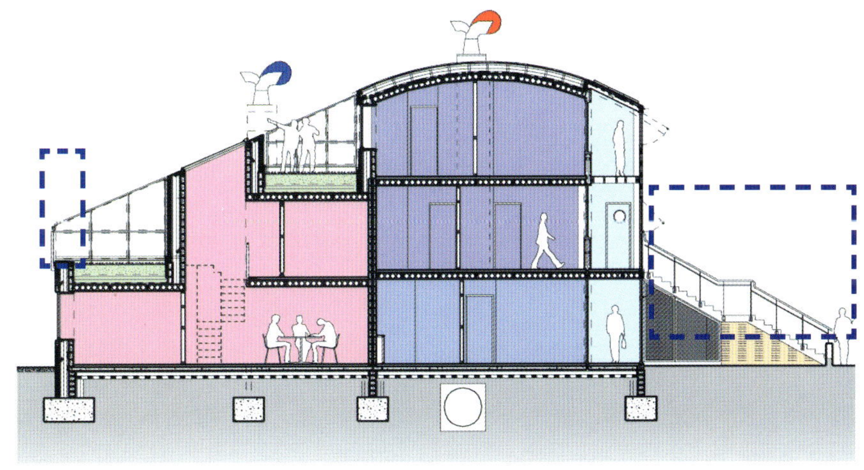

概述

在零能耗产品R中，传统预制设备墙进化为使用节水型产品的装配式产品，将浪费和缺陷降到最低。

与大范围的节水措施相结合，这一产品切实降低了30%～50%家庭用水量，同时将现场的管道安装费用降到最低。

上图 在标准住宅类型中，浴室尽可能地做到标准化，以减少施工时间。

零能耗产品R——生态浴室

描述

节水装置：喷洒龙头、淋浴喷头、节水型马桶、浴室、洗衣机。

- 节水型喷洒龙头和淋浴喷头具有相同的洗涤功能，但是使用了一小部分传统的供水方式，节约冷水和热水。
- 双水流厕所，使用中水和/或雨水。
- 中水系统采用不同尺寸和色彩的管道和接口，避免接错口。
- 所有露明管道安装均采用铜管，以保证坚固耐用。

工作内容

- 安装设备墙，提供活动接口连接干管。
- 安装卫生洁具。
- 调试给水和排水系统。
- 在允许公差范围内，确保洁具四周有优质完整的面砖。

环境效益

卫生间墙和设施

提供安装节水型浴室产品，水量消耗得到了有效的削减，同时因为节省的水费只需数年就能回收成本。这也改变了一些关于用水的行为和习惯，这很重要，因为由于气候变化带来的不断增加的难以预料的影响，水资源变得愈加匮乏。

节水型马桶：节约大概11000L/年（水费9英镑）
节水型样本：Ifo Sanitar Cerra，185英镑（2L/次和4L/次）
典型样本：MFI Lena，148镑（9.5L/次）
根据每天冲5次计算。

喷洒龙头：节约大概23000L/年（水费18英镑）
喷洒龙头样本：Hans Grohe，90英镑/对（7L/min）
典型样本：Aqualisa aquataps，50英镑（20L/min）
按每天5min最大冲洗量计算。

淋浴喷头：不装电力喷头，而安装节水型淋浴喷头，可以节约11000L/年（水费9英镑），同时每年节约200～300kWh的电。
节水型淋浴喷头：Hans Grohe，212英镑（14L/min）
典型淋浴喷头：Mire Elite 9.8kW，212英镑（20L/min）
按每人每天5min淋浴计算。

上图 节水型淋浴喷头和浴室设施的使用如今遍及整个产业，它能切实地降低用水量。

上图 零能耗住宅卫生间设计是一个工具包，其中包括一道安装卫生洁具的设备墙，它使现场的工作变得更加简单快速。

零能耗产品S——电力布线

概述

零能耗产品S，允许配电线路穿过零能耗建筑露明的混凝土内壁。

通常，在电气安装第一步，在建筑物内布置电线，按房间要求均分长度，钉入墙内。然后，电工在所有装修工作完工后，再回头再进行一遍安置工作。剪切过长的电线，将它们与电源插座等连接。这些工作往往是因为计算电线长度的复杂性和考虑现场误差所引起的。然而对其他行业而言，如机车发动机制造，配线脚架都是标准化产品，工作流程简单而经济。

线缆装在表面固定的木桥架中，使附加线缆的安装变得整洁而简单，无需沿踢脚板顶端固定。在配线脚架的一头有一插口来连接中央预制进户装置，另一端有多余的长度预留施工误差。通过使用配线脚架和表面固定木桥架，电气初步安装工作可以简化为室内立筋隔墙，因此可以加快建造，节省造价。

作为标准，为所有照明器具安装节能灯。

描述

S1 装配电路
S2 节能灯

此类产品包括适合每种住宅类型的厂造电线脚架，一端有接头来连接进户设备，并全部加上标签，装箱便于运输。脚架的每一分支带有适合每一特定房间的所有线缆。为整个楼层开一路支线，然后按照以下顺序分支：楼上—楼上前部—主卧室—主卧室左墙—13A功率插口和电视插口。当有相应替代物时，脚架的材料不再使用PVC。

工作内容

- 将第一固定脚架安装在隔墙内，并与进户设备点连接；
- 选择开关安装位置；
- 选择装配电路位置；
- 预留插座开口，准备连接装配电路；
- 安装节能灯装置；
- 调试，故障检修。

环境效益

典型的英国房间照明电路需用电594kWh/年。使用20W压缩式荧光灯替代100W照明灯，可以节省80%的能量。在六单元联排住宅中安装节能灯，可省电2900kWh/年，这相当于节省了1.4tCO_2或者0.47hm^{2}生态足迹。

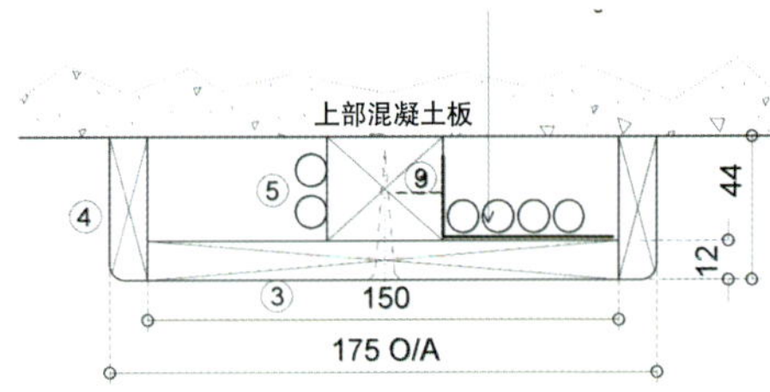

上图 预制木吊顶桥架，展示不同功能的线缆如何根据安全因素分别布置，以及如何固定到混凝土结构上。

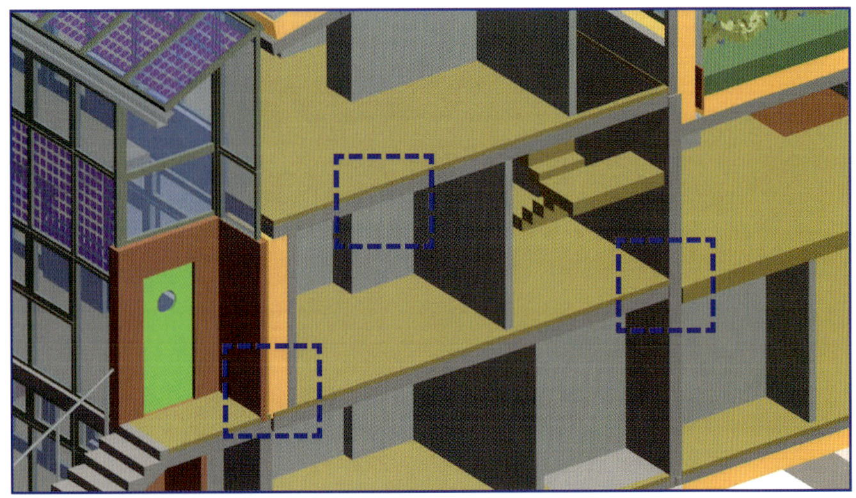

上图 因为室内的吊顶面、外墙和分户墙都是露明的因此需要混凝土表面的支架，这使得配电线路可以随时更新和维修。在没有管线的地方，使用普通的踢脚板。

概述

许多现代室内装修会导致因废气引起的室内空气污染或加重呼吸道过敏问题，如哮喘。零能耗产品T特选无毒原料，易于清洗，使灰尘无法积累且灰尘中的微生物无法繁殖。

使用非聚氯乙烯涂料和清漆，不仅在单元内减少聚氯乙烯的用量，还可使墙透气，这也大大缩减室内污染物的积聚。

传统亚麻油毡是由亚麻子油和栓皮制成的天然制品。它有天然防腐特性，有助于为每一家庭提供健康的环境。

上图 所示的零能耗住宅因为使用了耐用而有吸引力的材料，因此达到较高的售价。

零能耗产品T——饰面

描述

T1 无VOC、PVC的涂料、清漆
T2 地砖、墙面砖
T3 无PVC地板面层，如亚麻油毡、橡胶等

尽管产品规格不同，但是外观及安装与传统的准备合同一样。

在BedZED使用的涂料，包含以下几种成分：水、白垩、滑石粉、大理石粉、树脂、二氧化钛、纤维素、氢氧化钠（作为水软化盐）、0.1%的防腐剂。这种涂料的评估数据现在还不可知。

环保涂料生产的主要环境影响与颜料的提取、加工、运输以及应用有关。

工作内容

- 清洗住宅单元，准备饰面工作；
- 使用涂料、清漆；
- 铺地板面层；
- 最后清洁、护理；
- 交付前回访，最后修饰。

上图 零能耗住宅的室内空间倡导一个广受赞誉的健康和充满阳光的环境。

环境效益

在BedZED使用生态涂料替代丙烯酸类涂料，减少了对环境的影响。以下数据由BRE提供。

环境效益	生态涂料
生态指数	385
生产过程的CO_2排放（Kg/100年）	33750
生产过程的能耗（GJ）	750

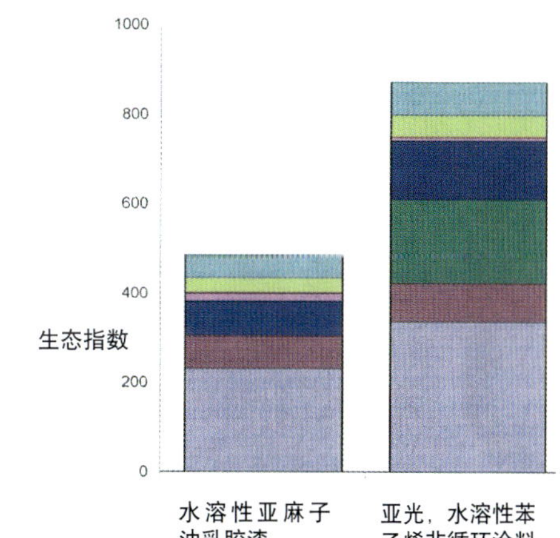

概述

零能耗产品U通过使用节水设备，再循环设施和A级电器产品，实现了一种低环境影响的生活方式。

上图 FSC认证的木材，节水龙头和A级设备构成了零能耗住宅中的节能型厨房。

这些产品使居民更全面地接近了可持续发展的生活方式。它们与零能耗产品Z结合将达到更好的使用效果。

这种厨房是一种预制的成套设备，高效而经济。

零能耗产品U——生态厨房

描述

U1 提供预制单元
U2 安装
U3 大型家用电器
U4 废物分离柜
U5 贯穿住宅的踢脚板和线路

这是一个预制厨房，包括大型家用电器和所有设备的指定区域。不使用中密度板或刨花板，因为水会对它们造成不可挽回的破坏，并且产生空气污染。厨房使用了耐用的桦树木夹板以及山毛榉木制成的台面。四隔间回收箱被作为厨房单元的一部分安装。与仅能使用5年的刨花板产品相比，这种厨房应该可以使用20年。

整个住宅中其余的木工项目，比如踢脚板、线脚以及线路盒，在厨房安装好的同时就被安装好了，因此是整体厨房的一部分。

工作内容

- 预制厨房被运送到现场——安装好部分大型家用电器和诸如指定的水龙头之类的装置。
- 一束束电线被覆盖在壁脚板下面，天花板上面的线路盒采用木面装饰。这样可以确保室内表面适合于住户做内部装饰。

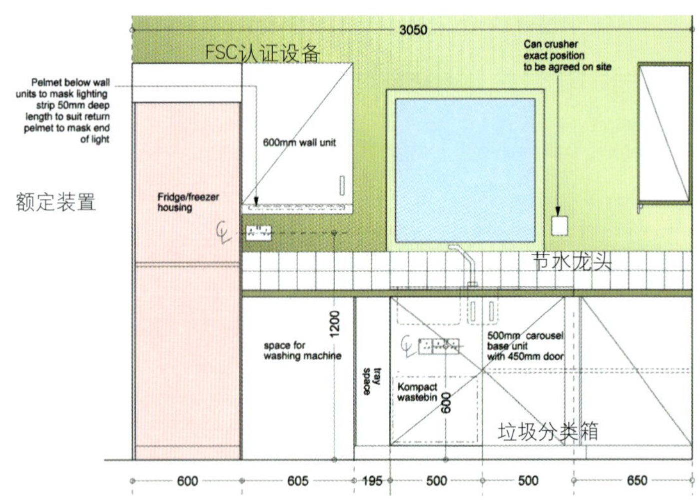

上图 典型零能耗生态厨房的环保产品组成。

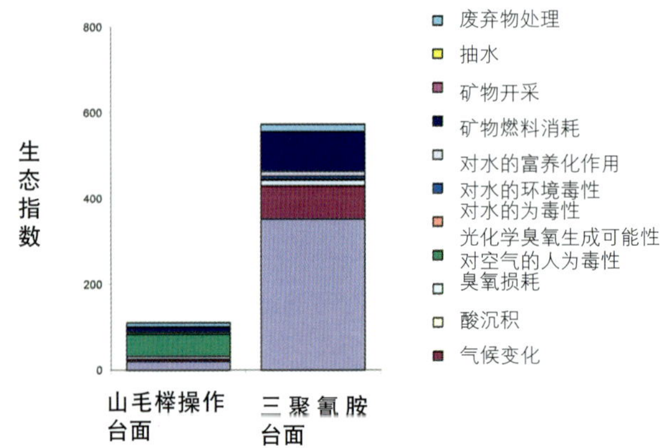

右图 图表比较了山毛榉操作台面与传统的三聚氰胺台面对环境的影响，数据由BRE提供。

在过去的几年里，节能型大型家用电器得到普及并且负担得起。实际上，主街道零售商那里最热卖的型号是A级的（最节能的）。

最畅销的往往是独立式家电。内置式大型家电由于享有的市场份额少而性价比较低。有可能将一个A级冰箱列入清单，而固定式冰箱只能是B级的。但是固定式大型家电的优势在于耐用，也潜在地具有更好的装饰。

上图 在BedZED的厨房照片——不论使用期限如何，所有的零能耗住宅都有相同配置的厨房和厕所。

电冰箱

独立式

最畅销型号：Hotpoint RLA30（A级），189.95 英镑，153kWh

最节能型号：Bosch KTR16420 Logixx（A级），249.95英镑，113kWh

由于最畅销的型号是A级，因此这不会带来额外的开销。相比于英国平均拥有的冰箱，安装一台A级独立式电冰箱可以节电212～252kWh，这相当于102～121kg的CO_2或者0.03～0.04hm^2的生态足迹。

固定安装式

最畅销型号：Indesit GSE160 （D级），198.95英镑，241kWh

最节能型号：西门子 KI18R40 （A级），264.71英镑，142kWh

与最畅销型号相比，安装一台A级固定式电冰箱可以节省100kWh电，43kgCO_2以及0.016hm^2生态足迹。相比于英国平均拥有的冰箱，可以节省223kWh，107kgCO_2以及0.034hm^2生态足迹。

冰柜

独立式

最畅销型号：Hotpoint RZA 130（A级），199.95英镑，215kWh

最节能型号：AB Electrolux Zanussi ZFA 96W （A级），337.00英镑，188kWh

由于畅销型号是A级，这不会带来额外的开销。相比于英国平均拥有的冰箱，安装一台A级独立式冰柜可以节省333～360kWh，相当于158～173kgCO_2和0.05～0.06hm^2的生态足迹。

固定安装式

最畅销型号：Indesit GSF120（C级），229.93英镑，285kWh

最节能型号：西门子 G112B40（B级），270.59英镑，237kWh

目前没有A级的固定式冰柜。与最畅销型号相比，安装一台B级的固定式冰柜可以节省48kWh，21kgCO_2以及0.008hm^2生态足迹。而与英国的平均拥有的冰箱相比，可以节电263～311kWh，126～149kgCO_2和0.042～0.050hm^2生态足迹。

上图 所有零能耗生态厨房都特有一种成品的垃圾分类装置，使住户的垃圾回收处理更容易。

洗衣机

英国典型拥有的洗衣机：100L/2kWh·次

最畅销型号：Hotpoint WMA40（A级），288.83英镑，58L/(1.054kWh·次)

最节能型号：西门子WXLS140（A级），369.41英镑，39L/(0.6kWh·次)（数据基于全国每个家庭每年平均洗衣274次）。

与英国平均水平相比，安装一台A级洗衣机可减少水耗12,000～17,000L，并且每年可节约250～385kWh电能。A级洗衣机可不必再花费额外价格得到，在目前也是最畅销的型号。

概述

零能耗产品V利用可再生能源来满足电、热水和辅助供热的需求。

零能耗建筑尽可能地降低能耗需求。零能耗产品V通过零碳可再生能源又进一步减少更多的能量需求。

一幢零能耗建筑的可再生能源的供应可减少33%的碳排放。

上图 屋顶安装的光伏电板。

上图 风力涡轮技术。

零能耗产品V——可再生能源方案

描述

V1 碎木燃料的零碳热电联产 *或*
V2 供应一联排住宅的燃木质球丸锅炉 *或*
V3 供应一个住宅的燃木质球丸锅炉 *或*
V4 供应施工场所的燃碎木锅炉
V5 太阳能热水真空管 *或*
V6 平板太阳能热水器
V7 屋顶安装PV系统
V8 建筑一体化垂直轴风涡轮机 *或*
V9 建筑一体化水平轴风涡轮机

V1 碎木热电联产

一个热电联产（CHP）设备同时产生电能和热能，与一个工作效率约为44%的传统发电站相比，一个CHP设备在提高总效率的基础上还减少了CO_2的排放。一个以碎木为燃料的CHP装置与燃烧矿物燃料的CHP装置所用设备相同，只是前者依靠木材产生的气体来运行。附加设备用来使碎木产生可燃气体。

碎木每周由货车运送到一个封闭的存储仓库并自动送进装置中，一台干燥器利用发动机冷却系统的余热在碎木片被送入气化器之前将其干燥，碎片在此处的限定空气流中被加热并被转化为可燃气体，如H_2、CO和CH_4，同时也产生了不燃物CO_2和N_2。然后，气体经过净化、冷却，与空气混合，被送进用火花塞点火的引擎。发动机驱动发电机来发电，热量通过热交换

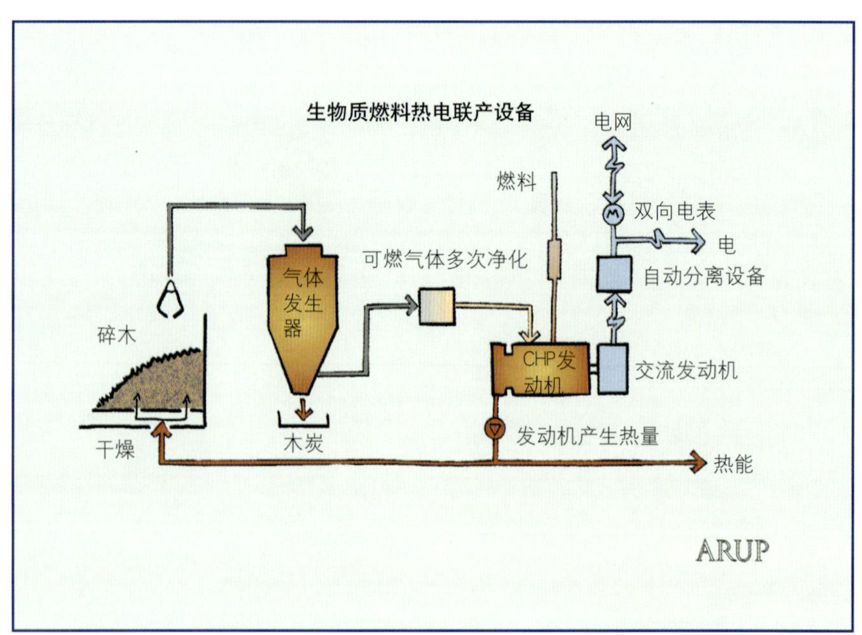

上图 BedZED的热电联产设备示意图。

器在发动机冷却系统、发动机内气体燃烧前的冷却和发动机排气装置三个区域得以回收，接着产生的热水由超保温加热网络被泵送到终端用户。

上图 CHP设备模块以标准货运集装箱运送。

三个标准货运集装箱用来运送CHP设备模块用以安装和连接。供应商可提供一个总承包的系列，包括设计、制造加工、安装和试运行。大多数供应商还提供长期运转和维修的合同。有时供应商还会提供资金支持，以在能源销售中长期获利为赌注，而且很多供应商也提供流动资金源的渠道。

碎木CHP提供：

- 75%的效率
- 最低效率85%，运行标准95%
- BedZED的设备设计容量为每周使用20t废木材产生130kW电和260kW热量
- 由区域生态化发展集团倡导的城市木料站使用当地城市废弃木料产生的碎木片，而它们通常被掩埋或烧掉。

下图 这些设备使用可编程序逻辑控制系统，除了程序维护做到24h无人操作。

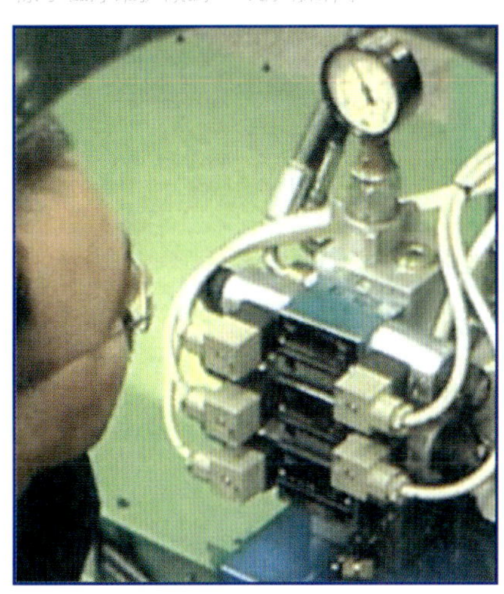

环境效益

通过结合同一地点的超能效工作场所和住宅，为住宅需求提供动力的生物能只是传统发展解决方案的一小部分——英国已经限制了生物原料的生产量，以保存生物能这个有价值的可再生燃料资源。

英国每年以1.5%的速度更新它的城市建筑。如果将所有新开发的建筑都按照零能耗标准来建造的话，那么英国的建成环境在下个世纪将实现零碳。大多数住宅区已包含在现有的城市构造中，为其提供可再生能源将需要尽可能多的近海风能。为了减小对近海风能的需求压力，零能耗建筑基地内要生产可再生能源非常重要。

为满足可再生能源发展的能源需求，需要替代化石燃料发电或者核电。英国发电所排放的碳为0.43kg/kWh，除去对燃气供热的需求，可使碳的排放减小到0.19kg/kWh。零能耗建筑发展所节约的碳的1/3来自于可再生能源的产生。

上图 木球丸作为一种简便的燃料来源易于得到。

V2-4 燃木质球丸锅炉

这种锅炉带有紧凑进料斗，可自动进料，它们的燃烧效率大于90%。唯一需要维护的是少量的灰烬，每年需要清空五次，也可以用于园中施肥。

正处于发展阶段的国有基础设施和木质球丸供应商们开始出现在英国，通过降低运费使木质球丸更便宜。

- 现有多种不同尺寸来满足从单个住宅到联排住宅；
- 与CHP不同，这种锅炉根据需要供应热水；
- 为供热系统和自动送料系统提供一体化储备；
- 从自动到手工全部由电子控制；
- 厚重构造保持高效率；
- 单个设备大小相当于传统锅炉，因此适合标准住宅平面；
- 成本包含了泵、增压系统、水处理以及远距离监控。

在（欧洲）大陆，尤其是出口木材的国家，燃木球丸锅炉正变得像煤气一样普通。在意大利，你可以在大街商店和所有的袋装木球丸超市购买，它们的广告随处可见。

球丸便于用卡车或装袋运输，这样自由的流通使它们可以一年一次的被运送到商店，因而降低了运输费用。这些球丸通常由再生木料加热生产，天然树脂使它们在90°C下挤压成形。由于含水量低（通常少于10%），它们具有比碎木更高的能量密度。

下图 全自动、低维护的碎木燃料锅炉对于所有规模的零能耗开发项目来说，是解决家用热水和采暖的有效途径。

时尚、高效和可与煤气相媲美的自动化运行水平，加之无碳化，燃木球丸锅炉可以在太阳能加热管不起作用时，成为提供家庭热水和冬季供热的有效途径。从标准化零能耗设计(ZED in a Box)单元可见，高水平的保温使得零能耗建筑中的热需求很低，每联排住宅只需一个燃木锅炉。在一个更大更简单的热电联产系统，热量被同样的方式和同样的标准技术来产生和供应。

当开发项目太小而无法容纳一个完整的碎木燃料的热电联产机组时，木球丸锅炉是供热的有效途径。

V5－6 太阳能水加热

上图 太阳能热水管是一种零能耗产品，可以与燃木球丸锅炉或其他系统一起为零能耗建筑提供热水和采暖。

作为地中海国家许多年以来的主要热水产生来源，家用太阳能热水器近年来在真空管和吸热技术方面又有一些改进，使之在高纬度地区成为一种高成本效益的能源采集技术。因为在一年的7～9个月时间里，除了偶尔从其他途径弥补，大部分的家用热水可以通过这种方式获得。它与生物质燃料锅炉技术可以得到很好的组合，锅炉只需在冬季开启运行。尽管如此，如果在11月的晴天，用真空管还是可以加热整个水箱的水。

现代的加热管在半真空玻璃管的中间有一个黑色的金属吸收元件，安装在吸收体上的是内含低压丙酮的铜管。当吸收体加热到丙酮的沸点时，热蒸汽上升到管顶，在这里，它将热量传递给铜管回路，从而加热管中的家用水。然后，丙酮蒸汽又冷凝下落到吸收管中，重复上述过程。其中，要将家用水置于管顶，就是说这样可以防止结霜，从而直接使用，而不像传统系统需要对第二个回路进行防冻处理。

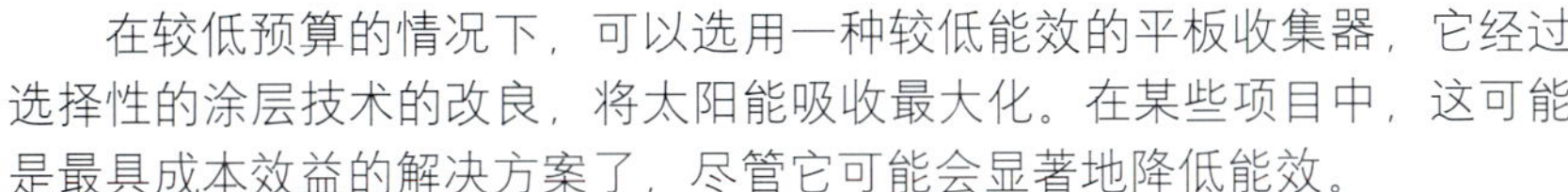

在较低预算的情况下，可以选用一种较低能效的平板收集器，它经过选择性的涂层技术的改良，将太阳能吸收最大化。在某些项目中，这可能是最具成本效益的解决方案了，尽管它可能会显著地降低能效。

V7 屋顶安装的光伏电板

上图 BedZED的热电联产设备房，其屋顶排列着光伏电板。

屋顶安装的太阳能电板为输电线的电力设备发电。屋顶光伏电板是现有最具成本效益的标准尺寸电板，它们被固定在屋顶，利用了南向的屋面。如果用太阳能电力取代矿物燃料，如车用汽油，需要14年的投资回收期，而如果仅用于住宅供电，则需要75年。

当光伏（太阳能发电）板暴露在阳光下时可以产生电能。与这种取自太阳的免费能源相对应的问题是，它使用了非常昂贵的电板来采集这些能源。一块电板会花费许多年的电费。而在将来，会有建筑一体化的电板，你需要的建筑构件都可以产生能源，如果它们需要满足其他建筑功能，那么产生的能源就会减少。目前，这种能源是非常昂贵和难以提供的。直到建筑一体化在很大程度上经济可行，ZED in a Box设计，包括大量的标准，变得容易达到、安装和连接，通过生产线生产的光伏电板才会安装在屋顶上。电板生产厂商会发展夹具和托架的节点，将电板直接从构造上安装到金属屋面上，而不用穿透建筑的维护结构。

在全然拒绝建筑一体化电板普及屋顶安装电板之前，应该注意的是，能源的投资回收不仅仅是指光伏电板的经济回收。屋顶安装电板看上去是隐藏在屋顶里的，而建筑一体化电板是在垂直窗户上完全安装。如果一个住宅单元打算以开放的市场价出售，潜在的买家会对确实能看到电板的住宅出价更高，因为他们觉得有希望用发电的利润来回收安装成本。

上图 地球中心（Earth Center）安装的垂直轴涡轮机。

上图 在船舶上的应用。

右图 涡轮机验证数据表。
下图 安装在一个购物中心。

V8/V9 风力涡轮机

风力涡轮机提供了实现零碳最经济的方法。平均来说，风力涡轮机比光电板的效率高出3倍；使用风力涡轮机产生小规模的电力提供给家用电器。

V8风力发电机——垂直轴

这些雕塑般的风力涡轮机被设计用来提供维持生活所需的最小能源，以及石油钻塔和芬兰军队的长期生活能源。。

- 因为质心，涡轮机在1m/s的低风速时产生电能。
- 垂直轴的排列不会产生噪声。
- 由于它的全方向性和紧凑性，这种涡轮对建筑一体化是十分理想的。
- 这种涡轮在暴风雪气候时不需要安全系统。
- 这种涡轮可以缩放到任意尺寸，已有200m高的涡轮被建成。
- 不需要转子转速控制器或者超速运行控制器，这意味着其运行成本是微乎其微的。
- 最大输出功率300W/m²辐射面积（直径乘以高）。
- 在伦敦使用了10m高的建筑一体化风力涡轮机。
- 直径2m的涡轮机每年发电29300kWh。
- 直径3m的涡轮机每年发电36700kWh。

PROVEN
PROVEN ENERGY

Rotor Speed Control
Above 12m/s (25mph)

Marine Build Quality

All machines galvanised steel, stainless steel & plastic components

Low Speed Equals Durability

Unique elec generator means low rotor speed

Wind Direction

WT Model	WT600 (600Watt)	WT2500 (2.5kW)	WT6000 (6kW)
Cut In (metres/sec)*	2.5	2.5	2.5
Cut Out (metres/sec)	None!	None!	None!
Survival (metres/sec)	65	65	65
Rated (metres/sec)	10	12	12
Rotor Type	Downwind, Self Regulating		
No. of Blades	3	3	3
Blade Material	Polypropylene	Polypropylene	Wood/Epoxy
Rotor Diameter(m)	2.55	3.5	5.5
Generator Type	Brushess, Direct Drive, Permanent Magnet		
Generator Output	12 / 24 / 48V 3ph wild AC	24 / 48 / 120 / 240 / 300V 3ph wild AC	48 / 120 / 240 / 300V 3ph wild AC
Rated RPM	500	300	200
Annual Output (kWh)	900-2,300	3,000-8,000	8,000-20,000
Mast Type	Tilt-up, tapered, self-supporting, no guy wires (Taller guyed towers also available)		
Hub Height (m)	5.5	6.5 / 11	9 / 15
Tower Weight (kg)	120	241/445	360 /656
Mechanical Calliper Brake	No	Yes	Yes
Foundation	1m³ concrete (no guys)	1m³ concrete (no guy wires)	6.25m³ concrete (no guys)
Noise† @ 5m/s (dBA)	35	40	45
Noise @ 20m/s (dBA)	55	60	65
Head Weight (kg)	70	190	500
Max Horizontal Thrust (kN)	2.5	5	10

V9 水平轴风力发电机

市场上还有有一种可用的新的小型风力涡轮机，是为类似住宅的建筑设计的。

- 永久磁铁的发动机可以在低风压条件下有效运行。
- 远离风的叶片面可以使叶片停止，以防止超速运转，这样就能省掉变速箱。
- 因为没有变速箱，因此少了变速箱呜呜的轰鸣声。
- 复合式叶片制造成弯曲异型，将噪声减到最低（5m/s转速时为45dB）。
- 以风力涡轮机大约一半的转速运行，因此可以降低额定转速200～500r/min时产生的噪声，转速越高，则降得越多。
- 对于6kW的型号以20m/s的转速运行（45英里/h的强风），产生的噪声相当于公路交通的噪声（65dB）。
- 最高300V无电刷直接驱动发电机。
- 6kW的型号每年恒定发电8000～20000kWh。
- 低启动风速2.5m/s（5英里/h），同时因为安装了顺风自动调节转子，没有停止风速。
- 标准锥形桅杆十分实用，它由卡车运到工地，斜拉起来安装就位，不需要固定钢缆。
- 6kW的涡轮机需要的基础是一个小的6.25m^3的混凝土基座。
- 安装机械式线闸用于检修。
- 包括BP和英国电信在内的广泛的商业客户群。

上图　在伦敦一个BP所属的车库外安装的涡轮机，它提供了一种最经济有效的方式满足发电和实现零碳。

工作内容

零能耗工作室有一系列专门的供应商可以提供价格固定的确定系统。在系统要求的数据基础上可以有更大范围的变化可供选择。

- 与现场的其他工作程序一起供应和安装发电设备的建筑基础。
- 供应和安装发电设备。
- 与国家电网相连，并提供备用系统。
- 系统调试和设备维修。
- 安装使用期按照合同在规定的时间专门设施调试。

概述

零能耗产品W系列致力于显著地减少自来水消耗和消除向基地外排放污水。这样就减少了与常规供水和污水处理相关的整体能量需求，从而使与水有关的一系列能耗得以降低。大量可重复利用的水也可补充娱乐和商业用水。

在BedZED，常规技术与特殊型和经济型建筑以及水耕法的培育结合起来，发展一种成本较少又具有吸引力的废水处理设备，可以高质量地处理废水以便重复使用。

零能耗产品W——废水处理设施

描述

W1 用于污水处理和生产重复使用中水的中水处理设备
W2 集水设备
W3 排污系统
W4 多路供水系统

一个最大限度节水和节能的再循环水系统具有以下特点：

- 自来水进水从102L/(人·天)/减至20L/(人·天)；
- 消除基地废水排放——93L/(人·天)；
- 再循环（消毒）水的使用无异议；
- 可以收集大量的雨水；
- 充足的备用水量以满足娱乐和商业需求。

环境效益

现场的废水处理可以将一个开发区的废水100%再循环使用。如果这些经过处理的中水能反馈回来，用于冲洗厕所和浇灌花园，可使自来水的需求量大约减少8000L/(人·年)。

如果洗衣机的用水也能由中水提供，则自来水的需求量可大约减少13000L/(人·年)，即减少20%。

多余的处理过的水可以用来创造一个有吸引力的水景。

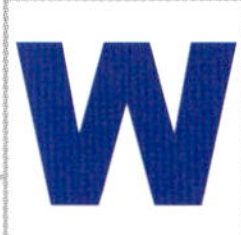

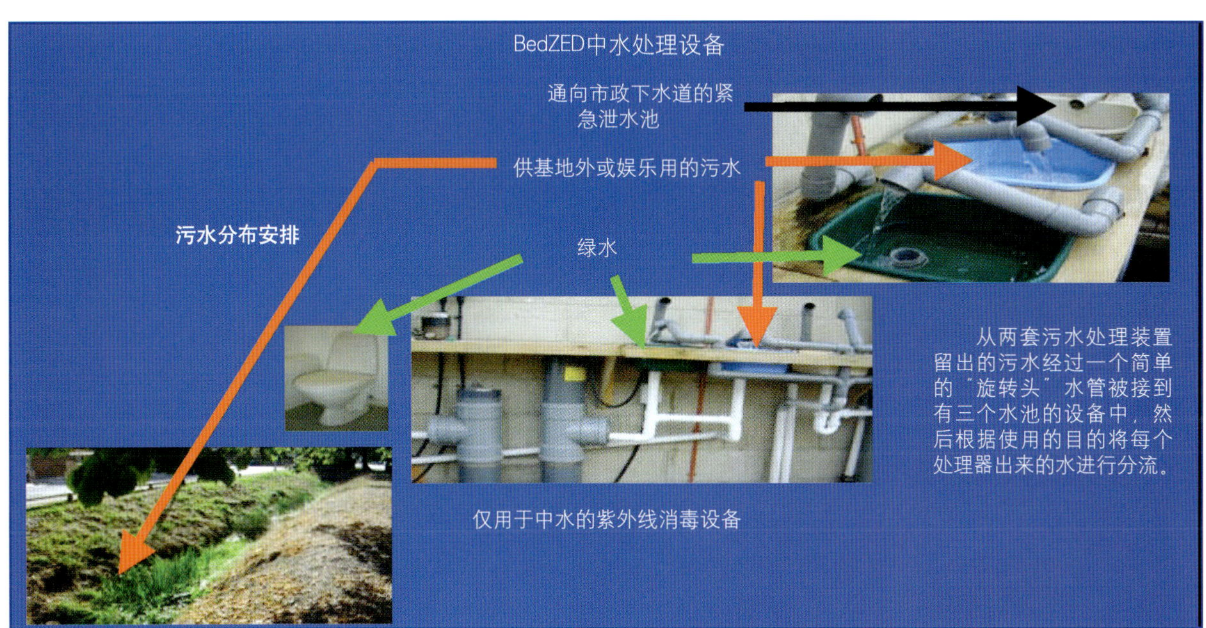

BedZED中水处理设备
通向市政下水道的紧急泄水池
供基地外或娱乐用的污水
污水分布安排
绿水
从两套污水处理装置留出的污水经过一个简单的"旋转头"水管被接到有三个水池的设备中，然后根据使用的目的将每个处理器出来的水进行分流。
仅用于中水的紫外线消毒设备

自来水供应
所有图片由David Triggs提供。
20
中水储存
雨水收集
39
室外用水
20
34
9
4
26
9
厨房水槽，饮用，烹饪
个人洗涤
洗衣机
洗碗机
卫生间
紧急情况——通向市政排水
93
中水处理设备
室外使用或排向室外
48
45

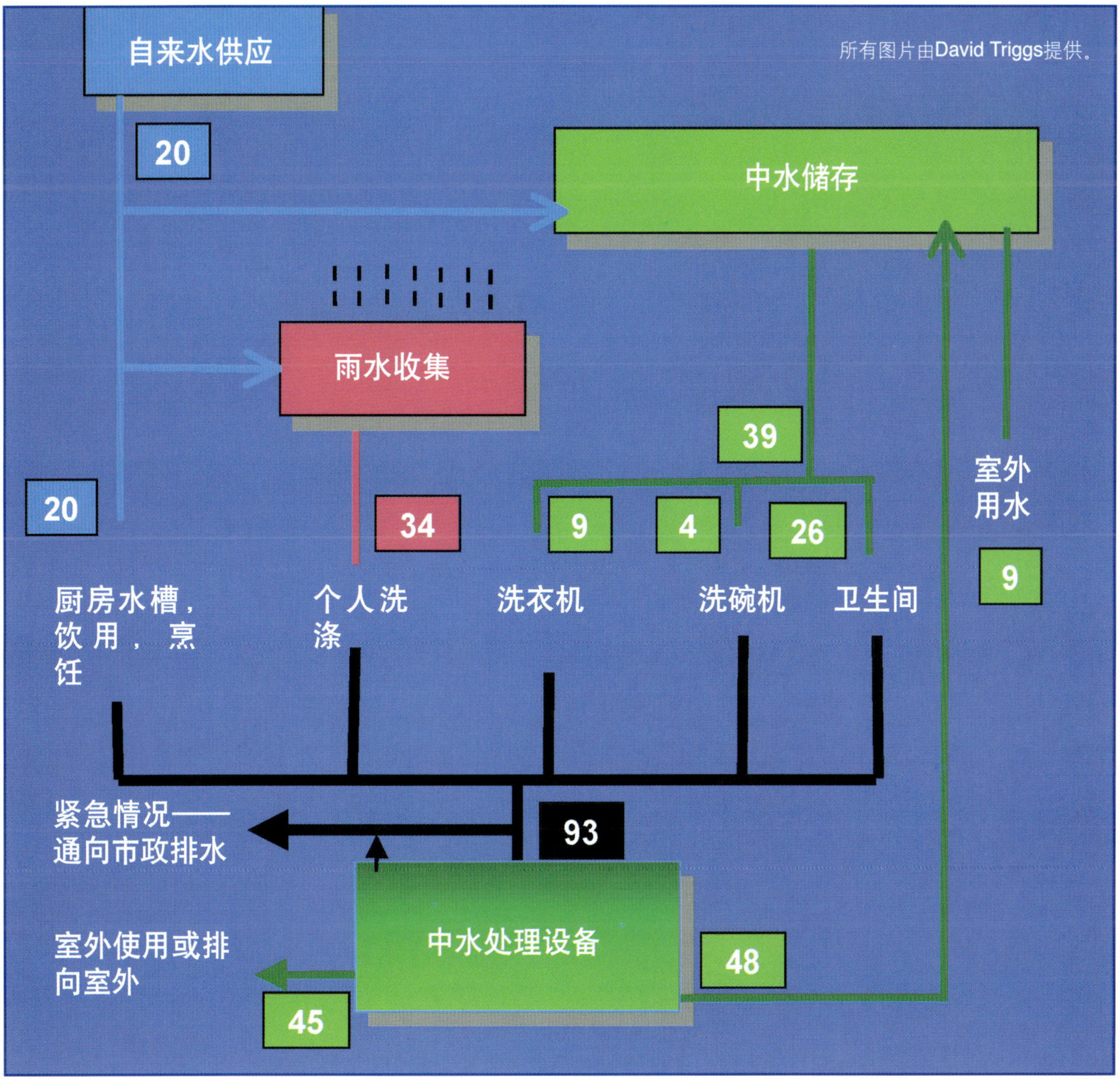

零能耗产品X——小区级别的设施安装

概述

零能耗产品X致力于攻克传统房屋建筑地下设施混乱的问题。管沟通过常规方法挖掘并且按顺序铺设各种服务设施，每个承包商都尝试过避免损坏之前已铺设的管线，但这种尝试在很多情况下是失败的。

上图 简单和有效是零能耗开发管线综合的关键。

零能耗产品X通过提供一条多功能的管沟，使各种设施都能铺设其中，从而避免上述情况。这些管沟限制于固定范围内，并且工人可花费最短的时间安装来自不同供应商的设备。管沟布线由最缺少灵活性的设施确定（一般是预保温的区域热水供应设施）其次的随后，每一联排在分配设施的一端都有引入设施的设备橱柜。

描述

X1 预保温的区域供热管道，中水，自来水，电网供电，太阳能直流电力分配，废水

X2 电信

X3 联排端头设备橱柜终端

这种产品的所有责任都由一个总承包方承担，他将参加管沟布线的早期详细设计，并且与地基工程承包人和随后的园林工程承包人协同工作，他们将会管理所有的永久的和暂时的基地供给。

- 最新的泡沫和塑料预保温区域供热管道使大基地上的热损失减至最少，并且不存在腐蚀问题；
- 山墙端的设备橱柜预留检修口；
- 内部管线连接了一个联排的所有住宅；
- 复合管沟减少了管沟所占面积和安装所有设施的时间；
- 保温层不含氟氯化碳（CFC）和氢氟氯化碳（HCFC）；
- 70℃的水在管径63mm的管道内热损失低于17.5 W/m；
- 没有地下接头并且最大压头达到50kPa。

工作内容

- 管沟走向详细设计；
- 挖掘和布线过程；
- 安装可用设施；
- 在联排住宅末端设备橱柜终止布线；
- 在建筑内布线并且与预制设施连接（零能耗产品O）；
- 在建筑内检测并固定管线；
- 检测并固定基地/主要区域供热基础设施。

环境效益

未来电信或能源供应的更新将用很简单的方式进行，并把对资源的使用和破坏减到最小。它同样允许居住者采用最新的可用技术以获得即插即用的效果。

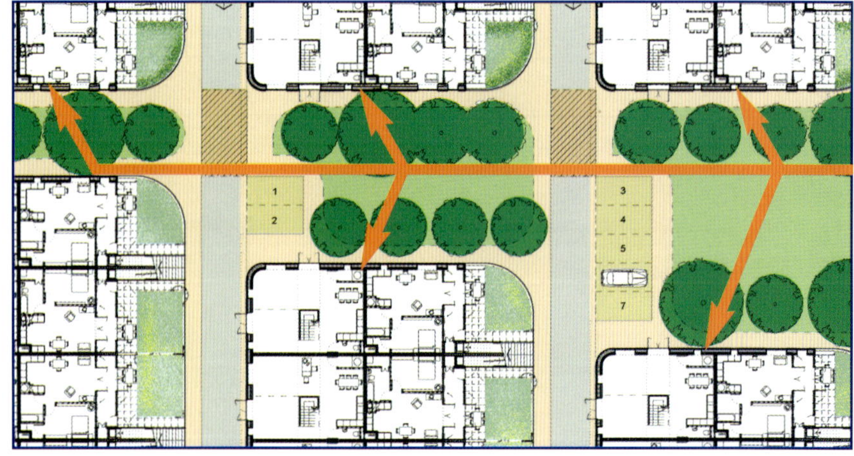

上图 每个住宅单元都由位于中心的热电联产设备提供热水和电力。

零能耗产品Y——景观和外场

概述

零能耗产品Y有助于提供一个舒适的居住环境和高品质的室外空间。它界定公共和私人空间并提供居住安全性，交通速度在住宅区引导下自然降低，并且提高司机的警惕性，从而减少事故的发生。

尽可能采用自排水的多孔铺筑材料，通常多孔的表面可以减少雨水的流失量，这样可降低当地排水系统的压力，并且有助于减少下游的洪灾。

尽可能地采用可再生和可重复利用的材料，充分利用当地可用资源。用可重复利用的绿色玻璃碎砂作铺砌路面的垫层。软质景观的植物种类的选择，是基于本地的物种，并在当地土壤中能茁壮成长。

上图 电动车辆充电处

优先为电动及合用汽车提供停车位，并提供自行车架，使这些最方便的交通方式得以利用。尽可能留下一片原生态场地以体现此处的生物多样性。

描述

Y1 砌块铺筑的停车位／住宅区域设计
Y2 结合可持续上下水系统的道路
Y3 居民区广场／铺石子
Y4 回收利用的沙子
Y5 回收利用的铺路板
Y6 自行车库
Y7 路标
Y8 原有路面和后期着色路面
Y9 街灯
Y10 电动车充电处
Y11 花台
Y12 树木／软质景观
Y13 自然保护区
Y14 周边围墙
Y15 垃圾箱
Y16 屋顶花园覆土

- 特殊处理的基层和过滤层上铺砌多孔砌块。
- 健康的公共开敞空间如居民区广场铺以砾石，因为砂质有天然的胶粘剂，可以形成坚硬耐久的面层。这种做法经常用于法国的城市广场，是上演马球戏的传统面层。
- 设计上要有灵活性才能在当地旧庭院改造时检查是否有可回收的铺路板。
- 原有路面要按当地高速公路主管部门的标准来修整。
- 路灯指定是低能耗的，而且没有光污染。

工作内容

对该项工作负责的承包商需要许多分包商来具体负责诸如电力供应、园林美化和道路铺设等具体项目。当然总承包商必须负责从地面工程承包到总体完工交付使用这段时间内各个分包商之间关系的协调。

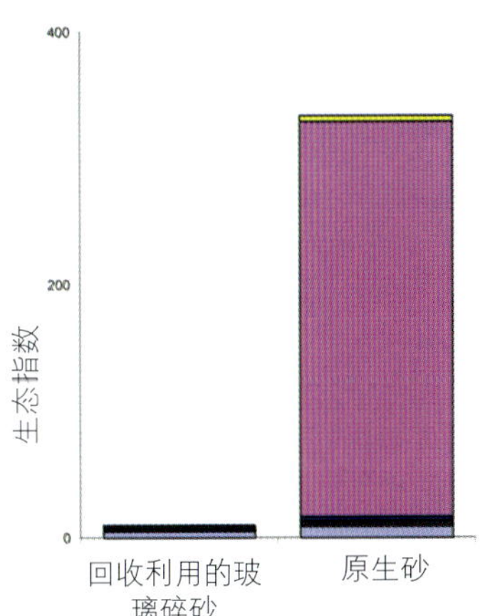

上图 回收利用的玻璃碎砂和原生砂比较所减少的环境影响。数据由BRE提供（详见建筑材料报告）。

概述

零能耗产品Z超越了建筑设计和建造，而着眼于人们在新开发区工作和生活的方式。

上图 在当地生长的有机作物。

汇总了信息，各种活动和配套服务设施，与居民和绿色商务相配合，为绿色生活方式带来实效的革新方案。它使居民较少使用汽车，增加回收和选择当地的有机食品。

当居民接受这些服务时，会提高社区感和参与意识。与A到Y的总和相比较，零能耗产品中的Z系列带来更多环保效益的潜力。除此之外，节省停车空间可将珍贵的土地用于开发或建造福利设施。

上图 零能耗社区鼓励家庭办公。

零能耗产品Z——绿色生活方式和公共设施

描述

Z1 适应任何的绿色运输计划
Z2 适应任何基地的食品服务
Z3 减少垃圾，以适应地方委员会回收利用服务的需求
Z4 公共设施
Z5 购买者登记注册

这种产品关注生活方式领域在环保中最有开发潜力的三个核心方面，即运输、食品和废弃物。自筹费用的公共设施提供活动场所和社区中心。房产购买者的注册也会加速销售，并以此引起买方对绿色生活方式活动的兴趣。

Z1 绿色运输策略

一辆每年跑12，000英里（19311km）的家用汽车有着与四人住宅同等的碳排放。在设计零碳发展计划时，减少个人运输的碳排放与建造零碳的建筑至少是同等重要的。

Z1是一套能够满足任何场所特殊运输需求的服务和设施。它提供现代化的、便利的、可负担得起的运输方案，该方案易于使居民放弃他们的汽车，减少汽车的使用，或者用有可代替燃料的交通工具。Z1的设计目标是使矿物燃料的汽车公里数减少50%。这套计划提供的关键组成部分如下：

- 汽车俱乐部：会员可以在线租用车辆，费用按照小时计算。可以节约费用并避免拥有私家车的麻烦和费用。
- 配套的网络送货体系缩短了路程——每周购物和其他大批量的用品，如自主产品等等，通常是依靠汽车完成的，而该送货体系消除了生活中不依靠汽车的又一个障碍。
- 提倡骑自行车——与自行车通道网络连接，安全的存放设施，维修服务，并为居民提供综合信息。Dr Bike提供自行车保养，导骑和对当地车行降价信息。
- 联接和推广公共交通——BedZED确保为汽车俱乐部会员提供打折的轨道交通车票。
- 太阳能电动车辆设施。
- 电动车辆、双重燃料、电力单脚车、生物柴油转换的信息和推广。
- 基于网路旅行的站点会员资格，www.loftshare.com。

汽车俱乐部

上图　汽车俱乐部开始遍及英国。一辆俱乐部汽车可以取代6辆私人汽车。同时，目的地结算系统鼓励了这种交通的替代形式，使个人汽车里程数有可能比通常减少50%。

许多旅行可以通过步行、自行车和其他公共运输工具来实现，但另一些旅行，汽车是唯一可行的选择。人们为了保证出行而购买汽车，然后因为方便借此旅行。因为已经付出了汽车的固定成本，所以从资本意义上人们在尽可能多地在旅行中使用汽车。

汽车俱乐部提供无固定成本的出行保证，其经营者提供整套的车辆和预定服务。会员每年入会一次，可以在网上、电话或者在汽车上预定汽车，预订只需提前15min。他们根据时间和里程租用汽车，超过两天或更长时间，会员可在汽车租赁公司享受折扣。

在欧洲大陆，汽车俱乐部已经运行了12年以上，在最近3年里迅速拓展到英美各国。在瑞士最大的体系中有700个网点，包括45000名会员，共享2000辆车。在美国，汽车俱乐部最近3年就已经招募了3000名会员。英国的汽车俱乐部也迅速拓展到22家，有750名会员和80辆汽车，另外有11家以上正在建设过程中。

汽车俱乐部会员能够享受环境运输协会(ETA)，一个相当于汽车协会(AA)的组织，给予的折扣会员资格。在伦敦，汽车俱乐部会员可享受泰晤士联线的长期折扣车票。

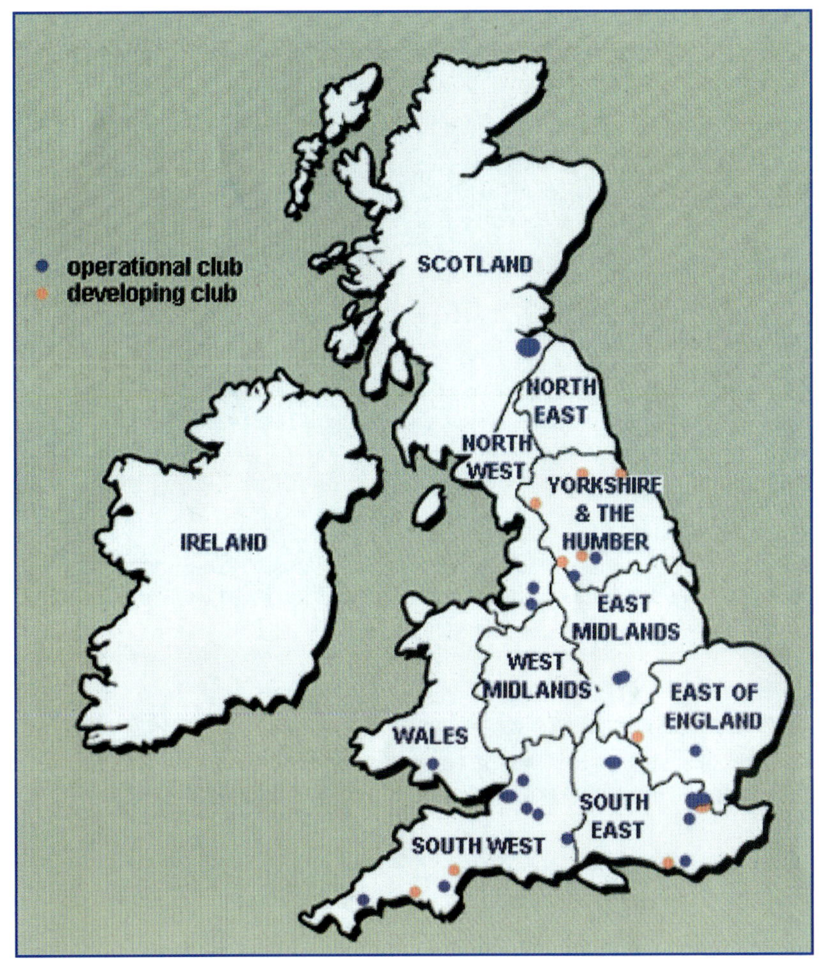

上图　在每个零能耗社区，遍布着电动车充电处，其电力来自组合在建筑立面中的太阳能发电板。

上图　家庭送货通道系统使居民在不在家的时候也可以收到食品和其他商品的递送服务，使他们留出了更多空余时间，也减少了汽车的使用。

Z2　适应任何基地的食品服务

大约有1/3来自于家庭活动的CO_2排放主要归因于食品里程，以及应用于种植业、加工业和运输业的能源消耗。为了减少食品需求的增长对环境的影响，Z2提供了信息和服务以适应各种口味和生活模式，帮助居民购买到更多新鲜的本地作物，更多有机食品和较少包装的食品。这些因素都有助于减少这一重要领域对环境的影响。

一旦入住，居民就会得到很多关于当地农场、有机超市以及农民市场的信息。在BedZED，已经规划了自留地，与社区相邻的一片被废弃物污染的区域已经被改造成配备有养料培植和肥料堆积设施的社区花园。Z2提供开放服务以帮助热情的居民组织起来并参与以下活动：

- 地方有机配套计划——与当地农场商议较大折扣，为当地居民安排农场旅行。
- 有机超市网络送货。
- 流动农民市场——BedZED已经成功举办过几次由当地居民组织的集市日。
- 主要超市的配套网络送货。
- 安全的家庭送货通道——可选择的安装信息，可商议的大量折扣。
- 家庭食品种植—屋顶花园种植的说明资料和免费种子。
- 公共食品培养和公共肥料堆制——提供土地、工具、种子和设备，建立居民组织。
- 农场商店——地方供应商是可靠的，建立定点商店，由当地居民经营。

Z3 减少垃圾以适应地方委员会回收再生服务的需求

上图　实现零碳的关键是：社区通过提供基地内的再回收和垃圾分类服务，使居民的生态生活方式更加简单轻松。

普通英国家庭每年产生1t生活垃圾，其中大约80%是可回收的。Z2所倡导的食品有助于帮助居民通过购买无包装的食品减少垃圾。Z3在家中和公共垃圾点提供灵活方便的回收设施。回收箱是由地方政府为回收再生服务而提供的。

大约40%～60%的家庭垃圾是有机的并可制成肥料。在社区范围内制造有益的混和肥料要比个人快，居民可以用喜欢的方式参与其中。

- 厨房内的分类垃圾箱。
- 出售回收垃圾箱，肥料箱和普通废物箱的商店。
- 社区堆积肥料服务——提供土地、设备、培训、法律许可、保险。寻求资金，建立居民组织。
- 聚集专家——研究、规划、与居民沟通。
- 旧货交换俱乐部——发现热心的挑拣废物的人并建立组织。

上图 经当地政府同意，BedZED有自己的运动场和俱乐部进行社区范围的活动。

Z4 公共设施

这个零能耗产品Z的重要组成部分，在早期阶段就着手调查当地的便利设施情况，并提出切实可行的公共福利设施来满足当地的需要，同时帮助培养社区中心和居民的参与感。

随着少年肥胖者的逐渐增多已成为一个国家社会的问题，应尽可能地发展适合社区的适当运动设施。全方位健康、可持续的生活方式应包括锻炼和休闲娱乐。在BedZED，居民经营的ZEDBar是每周五晚上的聚会，它把许多居民聚集在一起，放下一周的繁忙，讨论最新的社区发展计划。

根据场所的不同，可能的公共设施包括：

- 足球/多功能运动场；
- 全天候多用途游戏场地；
- 俱乐部会所；
- 托儿所；
- 社区咖啡/酒吧；
- 农贸商店；
- 基地局部网；
- 免费社区网络接口；
- 居民广场布告牌。

Z5 购买者登记

这个独特的服务适用于那些对生态家居，绿色生活有兴趣的顾客找到他们的生态家园。购买者登记包括：

- 那些要求登记的潜在的购买者；
- 为那些对潜在的社区项目有兴趣的热心居民进行便利服务。

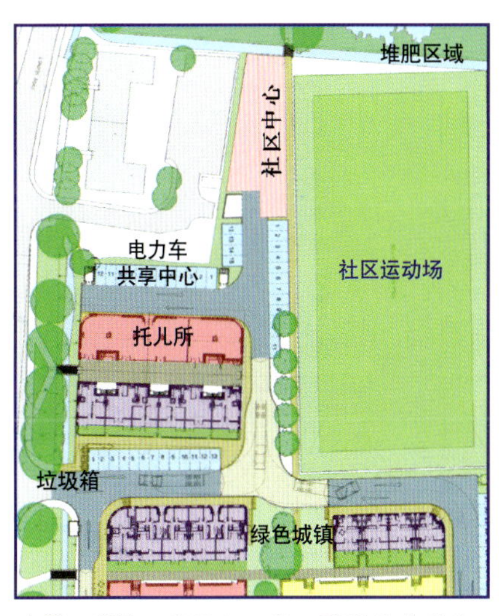

上图 ZED开发区中，有一系列公共设施，可在资金允许的情况下，它们中的大部分可以得到更新。

环境效益

通过更加环保的生活方式，零能耗产品Z把个人对环境所产生的影响减少22%～32%。

	生态足迹（hm^2）	CO_2排放（t）
普通英国居民	6.3	12.3
通过零能耗产品Z减少的数量		
普通ZED居民	1.7(27%)	1.8 (22%)
热心环保居民	2.0 (32%)	2.3 (28%)

上表 以上表格对比了普通英国居民和BedZED居民的生态足迹，在没有增加居民花费的情况下有了相当大的节省。

上图 BedZED的一个社区酒吧，方便居民下班后放松以及与预约的生活方式工作人员会谈。

零能耗产品Z的实施

零能耗产品Z应被加入到每一个新发展过程的各个步骤当中，从规划、设计营销、销售，使用期及以后。设计阶段的可行性研究探讨的是关键要素的潜在可能性，例如汽车俱乐部和公共社区堆肥的方案。当地的绿色运输计划有助于促进它的规划申请进程，且有助于降低停车位标准，实现开发密度的增加。为绿色生活方式的各项服务的基础设施应从一开始就加以设计。

整套措施的设计有助于生活方式朝着更加可持续的方向发展。在销售阶段时应将可持续发展作为这种新型住宅的一个有利卖点。条理清楚的信息将为新居住者提供关于社区关键问题及当地和国有的资源指南。

一旦居民入住，一个全职的绿色生活方式工作人员将组织一系列基于以上信息的活动和服务，使居民的生活方式朝向更可持续化的方向发展。这个工作将至少持续到最后一户入住后的6个月。当这项工作接近尾声时，一部分项目就会移交给住户。这些项目需要继续管理，例如汽车俱乐部，它需要持续的收入来填补成本。

观念的交流是零能耗产品 Z的核心。它既可以通过像小册子、传单和海报之类的纸媒介，也可通过社区内的局域网来交流，可以用内部局域网来分享和获取小区前期行销资讯直至以后长期物业管理的所有讯息。

下图 户外社区场地亦是重要的一环，为居民提供一个相互交流和协调事务的场所。

整套工作措施范围

规划阶段

1）初步研究社区公共交通服务和便利设施，例如商店和学校。在BedZED，为了了解交通状况曾会见了80户住户。研究所产生的绿色运输计划将有助于规划申请手续。
2）可行性研究：
汽车俱乐部；
社区堆肥和食物种植；
公共设施。
3）适当时发动募款。

设计阶段

在建立以下基础设施方面为设计团队提供建议：用于循环利用、堆肥、绿色交通系统——指定提供自行车库、划定汽车俱乐部停车位置，指定厨房垃圾分类箱和用于垃圾收集的回收再利用设施、堆肥和种植区的水供应，以及社区设施方面的简单建议。

销售阶段

1）组建销售团队
2）提供销售和市场动态
3）制作简明的关于交通、食品和废弃物的资料包
4）内部局域网的设计委托和制作
5）建立和维护购买者登记注册

入住阶段

1）全职的绿色生活工作人员与居民一起工作，宣传和推动居民的绿色环保活动并制定计划。从第一户入住到最后一户入住后6个月为其任职时间。
2）活动议程：欢迎晚会，训练班，提倡使用自行车活动，农贸市场。
3）汽车俱乐部的成立。
4）确定居民能够协调各处。建立居民食品论坛、堆肥小组、自行车队、酒吧和商店小组以及回收再循环交换俱乐部等。

入住以后的阶段

1）长期的汽车俱乐部的管理；
2）个人和居民团体协商长期计划并尽可能地筹措资金。

附录

Photo Linda Hancock

上图 位于旺兹沃思（Wandsworth）环形交叉基地的 SkyZED 方案合成照片，这个方案实现了极高的建筑密度，并且采用可再生能源实现全部能源供给——这是一个竖向的 BedZED。

附录 A1 零能耗(ZED)实例分析

概述

下面的章节是说明零能耗(ZED)的准则是如何发展的，指出了它的传统与今后的发展方向。我们选择了一些图例来阐明在保持相同的基本原则的情况下所能够实现的建筑学上的多样性。新的开发将工作和居住相结合是非常重要的，因为通过减少上下班的往返和避免在郊外建造居住区可以有效地减少对环境的影响。

实例分析范围

选取下文中的建筑物作为研究对象，是因为他们代表了某一范围内的不同类型和尺度的建筑物。从独立式住宅到大规模的教育设施，零能耗理念适用于所有建筑。依此理念，诺丁汉大学朱庇利校区（Nottingham Jubilee Campus）在 1999 年建成完工。这一案例作为被动式通风方案的开端，之后在地球中心（Earth Centre）建筑群和贝丁顿项目（BedZED）的建设中得到了发展。

同时，随着时间的发展，技术的成熟与成本的降低，比尔·邓斯特(Bill Dunster)的自宅"希望之家"（Hope House）采用了光电板和太阳能热水管道来升级。

正在进行的研究与发展

值得注意的是，这些图例中的建筑，特别是BedZED项目，是目前正在进行的研究中的一部分，而且每一个新的工程都将受益于之前的建筑。零能耗产品的细节得到了研究，而且合适的供应链使得它能与传统的建筑竞争。

右图 希望之家（Hope House）具有基本的零能耗建筑构造，因此，在资金允许的时候，有些构件比如光伏板可以加装上去。

办公建筑

介绍

从历史观点上说来，规模经济效益往往只适用于大型商业建筑。在办公建筑中，维护结构面积与建筑面积的比率较大，因此，与相对固定的建筑的结构成本相比，维护结构的边际成本几乎加倍。不过与将来在此工作的人员工资相比，两者都可以忽略不计。

明智的业主能够通过提供更高质量的建筑，从而在减少员工病假和提高员工生产力之间建立联系。能量系统全部由一个终端控制，使得能量效率的提高立竿见影。

这些都意味着，办公建筑的业主将从经济利益出发投资优质、节能的建筑，而且从历史上看，现在已有时间和预算来进行研究，从而使这种投资行为成为现实。

上图 沿诺丁汉大学朱庇利校区（Nottingham Jubilee Campus）湖边的景观。

左图 校区单体间的中庭。

上图 在诺丁汉大学朱庇利校区（Nottingham Jubilee Campus）项目中，通风帽技术得到进一步发展，并进行了几项新的尝试，后来用于BedZED和地球中心项目。

然而住宅的情况却与之相反。住宅市场竞争极为激烈，房价往往仅取决于地段。因此考虑到地产商的经济利益，在最好的地段建造尽可能最便宜的住宅。能耗的费用与住宅的销售价值相比太小，而且也不是地产商支付，使得这个问题得不到重视。到现在还是这个样子。

比尔·邓斯特（Bill Dunster）建筑师零能耗工厂股份有限公司和与之工作的顾问小组都具有设计低能耗、高技术商业建筑的背景。BedZED上见到的技术都沿着这样一条发展路线：起始于办公建筑，然后降低规模与复杂程度以适应住宅市场。为了适应21世纪的住房挑战，它将空前的功能性与舒适性引入技术上的落后部分。

诺丁汉大学朱庇利校区（Nottingham Jubilee Campus）

1996～1999（麦克·霍普金斯及合伙人）(Michael Hopkins and Partners)

比尔·邓斯特（Bill Dunter）为麦克·霍普金斯及合伙人事务所（Michael Hopkins and partner）工作的最后一个工程，再次邀请了同样的顾问小组，并且从上一个工程中获得了经验，但却是在普通预算的情况下将其应用于普通的办公类型。直接使用现浇混凝土作为蓄热体，木材立面系统提供了一个保温的外壳，走廊和楼梯作为回风管，以风力通风的研究结果辅助通风。而目前开展了一个进一步的研究项目，旨在连接建筑一体化的太阳能发电机来满足风机动力需求。该项基金提供资金以安装足够的太阳能设备为机械通风提供动力。

诺斯利（Northleigh）绿色住宅升级

西苏塞克斯（West Sussex）县议会的规划部门在一座建于20世纪70年代前能源危机时期的全电力空调的建筑里办公。这栋建筑以糟糕的工作环境和高能耗而著称。随着设备的使用寿命到期，故障日益频繁。县议会正面临一大笔款项来替换旧系统并将其升级到现代化水平。

比尔·邓斯特事务所的建筑师受委托从整体上考虑如何提高建筑及能源的功效，而不是仅仅花钱更换设备，继续一个和以前一样不能令人满意的状态。

比尔·邓斯特的建筑师们采取的做法包括延伸并且填满建筑立面的同时在建筑的纵深平面中引进中庭。在供暖季节由27个风帽通风，而一年中的其他时候可将窗户打开，在现有的建筑中这是无法做到的。投入大量人力物力的研究表明这一基本方案是如何得以实施，并且与简单地更换设备投入相当。但是这样做能实实在在地减少80％的CO_2的排放量。

下图 对于这个改建的20世纪60年代建筑的印象画，它使用了原有的基础和构造，但是进行了绿色建筑的升级更新。

这个项目本来看起来很有把握，直到政府宣布中止对英格兰南部的额外津贴，要求西苏塞克斯郡缩减开支。这个原本高姿态的改造项目，他们自己的大楼之一，突然间由于政治原因不被接受。这项研究仍然保留在档案之中。

零能耗工作室的办公场所

在 BedZED 或 ZED in a BOX，本质的设计概念是在住宅的阴影区设置不需要日照的使用空间。在这类使用空间里，办公空间往往占据相当比例，即很少需要供暖，因此成为这种空间的完美占有者。

位于Helios路24 号的BedZED，是比尔·邓斯特建筑师零能耗工厂股份有限公司和区域生态发展集团的办公处，也是一个可持续建筑和生活方式科技的展览厅。这些空间有着明亮的无眩光北向自然光，在供暖季节中通过风驱动热交换风机取得的和其他季节通过开窗带来的良好通风，还有低风速带来的高水准的热舒适度，以及大体积的蓄热体所带来的很稳定的室温。

在盛夏时节，来访者谈论着，这样低的室内温度使他们以为房间里开了冷气。而在冬季，这里的空间是温暖的，且不会因为供暖而干燥。要达到所有这些效果，仅仅需要极小的能源投入（因为大比例的空间是展厅，没有人和电脑，目前冬天偶尔也需要供暖）。

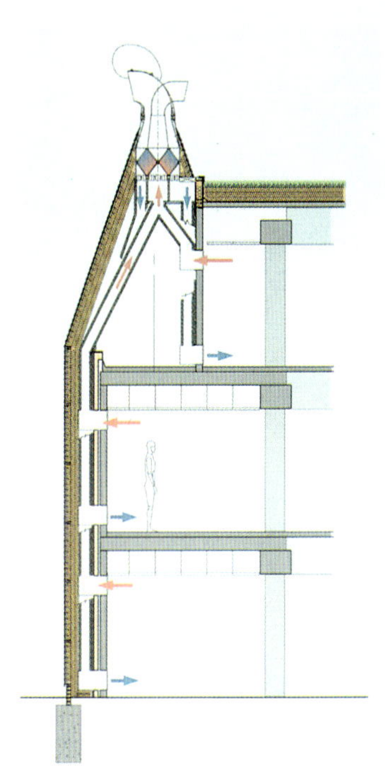

上图　通风竖井的剖面，表示了风帽以及原有的混凝土框架怎样通过重新覆面以达到更好的热效能和美学表现。

下图 方案的一个轴侧图表示了通风竖井上的覆面木材，还有包括中庭入口空间在内的更新的玻璃结构。

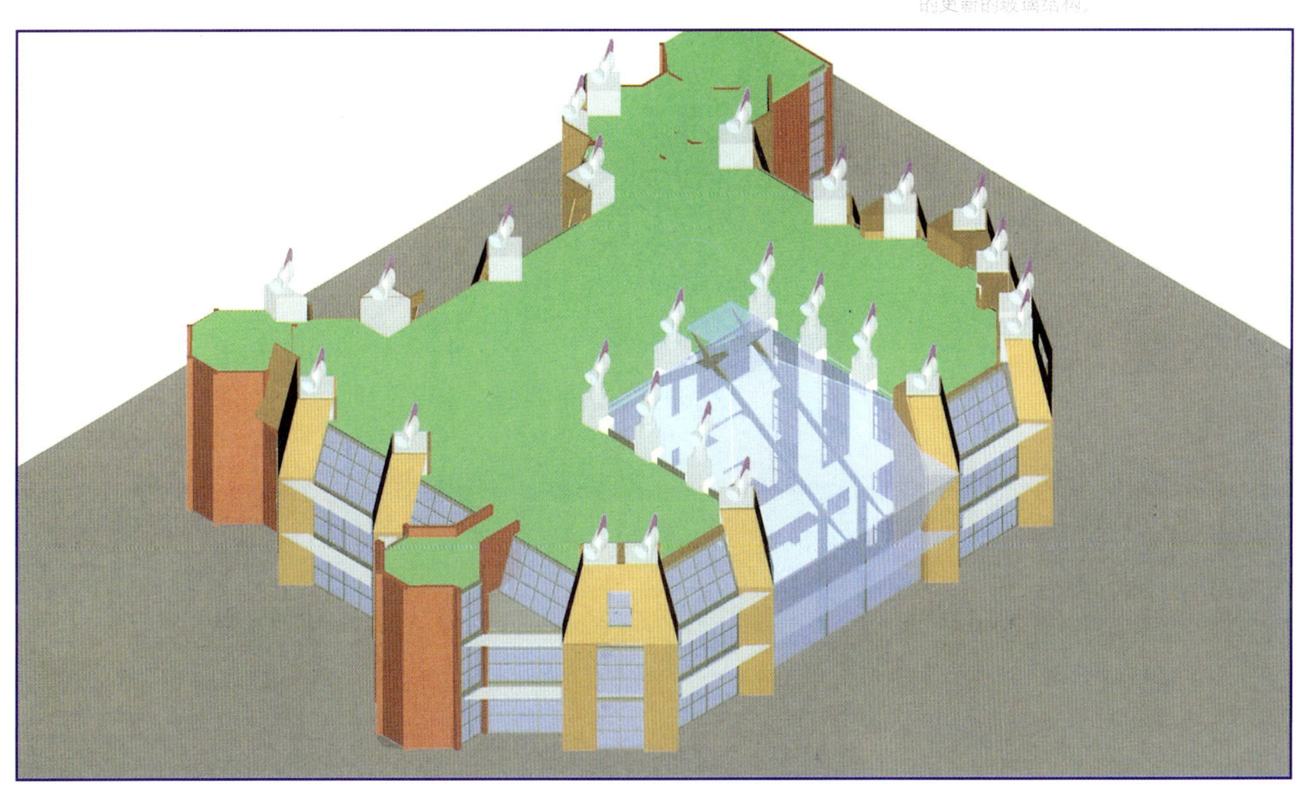

上图 从西立面可以看出，南向阳光室可作为一个冬天花园和额外的起居室。

私人住宅

希望之宅（Hope House）

希望之宅是一个集办公和居住两用的住房单元样板，它于1995年完工，并且是理想太阳城的一部分，理想太阳城把办公空间安排在住房的阴影区(IT行业通常需要凉爽的北向自然光)，提供增长的日光和可利用的被动式太阳能（希望用冬春两季的太阳光去抗击SAD综合症）。

希望之宅是一个样板，是为了试验在高密度的太阳能居民区所提出的组成要素，并已经在私人资金允许的情况下分阶段建成。新科技被结合在建造中，同时，十年以来环境不断得到改善，对优先级和设计假设的评估得以持续进行。

随着孩子的成长，祖父母的渐老，和我们的建筑实践方式的改变，建筑的使用形式也会改变。底层也许会由家庭办公室改成祖母的公寓，并以20年一个循环再次改回原状。十几岁的孩子可能让父母回到原来祖母住的公寓，这样的循环可能持续，而建筑的结构只会改变很小或不改变。同样可以想到，将来由底层公寓的分租而产生的收入可能成为一种极有价值的方式，使家庭渡过将来的经济萧条期，或用来补贴养老金。而避免租用商业办公空间所节省下来的钱，可以再次投资于改善环境。

右图 希望之宅的东立面，这里曾尝试了许多零能耗的设计原则。

共享于家庭和办公之间的电力货车，促成高效的能源使用，并减少交通堵塞，同时，在100码(91.44m)之内的一个英国火车站直接连接着到滑铁卢主要线路的终点站，这样的位置几乎杜绝了使用以矿物燃料为动力的交通工具。由避免使用矿物燃料而减少的CO_2的排放，似乎和在建筑构造上的投资同样大，也同样容易实现。

上图 从通向巴斯温泉零能耗住宅的小路往上看，看到这个住宅紧贴山地布置，将它对环境影响减至最小，同时用地面作为房屋的保温层。

巴斯温泉零能耗建筑（Bath Springs ZED）

这座零能耗住宅，是一个较大家庭的住所，建在靠近巴斯的一块农业用地上，它还将作为一个家庭办公室和一个该地区的开发样板。

选中这个基地是因为它的视野非常宽广，同时，尽管这是一块未开发的土地（ZEDfactory 通常不提倡选用），但它形成了邻近村庄的延伸。

这所住房的设计是这样的，房子屋顶由田地形成，并且住房中的不同标高依照基地的高程而建。它是一座覆土建筑，融入自然景观之中，这样也有助于冬季室内保持热量，并减少了夏季过热的现象。

业主看到了可持续建筑的价值和前景，希望这个设计能够做到完全的自给自足——也就是说，住宅拥有自己的电力供应，采暖和热水供应，还有再循环水系统。

这个家庭将驾驶着自己的光伏板供电的电动汽车，在阳光普照的阳光室中种植自己的蔬菜。他们所消耗的生态足迹会大大减少，同时这个住宅将是零能耗建筑领域的一个重要实例。

左图 巴斯温泉零能耗住宅的鸟瞰图，使用了在地球中心Earth Centre项目和BedZED中开发的技术，并结合了可再生能源技术，使巴斯温泉零能耗住宅完全做到自给自足。

上图 入口建筑为胶合木结构，由木材和三层玻璃覆面。

上图 入口建筑的室内几乎全部是木装修，给人温暖和自然的感觉。

地球中心建筑群

入口大楼

地球中心将建造一座新的入口大楼作为一个商店和接待设施。大楼将建在河岸边，位于绿化地带，这一简单设计理念烘托出自然和谐的建筑。

会议中心

在 1999 年 8 月的一次设计比赛后，地球中心委托兴建一个新的旗舰大楼，它见证了地球中心步入一个新阶段，作为一个重要的教育基地。

新会议中心是一个多功能的空间，设有盘旋的坡道并围绕着中央主礼堂的各种空间可容纳200人。圆形的坡道从门厅螺旋状围绕着主厅攀升，使残疾人可以到达不同层面的所有房间。

设计任务要求的能耗为 18 $Kg/m^2 \cdot yr$ 的二氧化碳排放（这类建筑的标准是大约28$Kg/m^2 \cdot yr$），此设计的目标是仅有2.8$Kg/m^2 \cdot yr$的二氧化碳排放来自不可再生能源。

以下是已开发的方案

1 季节性热存储装置

基础被做成一个容积约为400m^3的绝热混凝土水箱。当水箱蓄满用太阳能加热的水时，它能够使这大楼存储夏季的热量到冬季时用来加热整个大楼。

下图 会议室剖面，表示通风策略。

2 太阳能热水收集装置

主要的会议大厅位于水箱之上，水箱与大厅地板有一层隔热层，大厅的天花板朝南倾斜，这种设计为太阳能热水板提供了一个可安装的位置。这里有两种装置，一种是在阳光充足条件下非常有效的玻璃平板装置，一种是非常灵敏的即使在多云天气仍可以采集太阳能的真空管装置。

3 光电板

光电板斜放在屋顶，它提供足够的太阳电能带动泵推进水的循环经过屋顶回到大楼下面的水箱里循环。

4 燃木火炉

在冬末或特别冷的日子里，可以用一个大型的燃火火炉供应暖气，这个火炉有一个装热水的锅炉，它向每个房间的暖气片输送热水。当树木生长时它们吸收 CO_2，而当它们燃烧时它们会释放大致等量的 CO_2，也因此如果控制合理的话，木材被认为是一种可再生的零能耗燃料。

5 风驱动通风系统

一种特制的风帽可以将空气导入大楼，也可以将废气排出大楼。为了使这种设计在狂风还是微风时都起作用，它们经过风道测试和校准。

6 垂直轴风力发电机

在锅炉烟道的上方装有一个小型垂直轴风力发电机，提供一部分照明用电。服务于会议室IT系统和高电力需求的视听系统的最高电力荷载，由地球中心的电网所提供——其中大部分是由新的光电板（PV）顶盖供应的。

上图 会议中心的室内是由回收和再循环材料做成的，如金属网和电报柱。

上图 中心的室外由金属网和景天屋面构成，很好地融入环境中。

左图 地球中心的鸟瞰，左侧是垂直轴风力涡轮机，屋顶的景天覆盖层使建筑融入到环境中。

SkyZED 高密度竖向城市生活

介绍

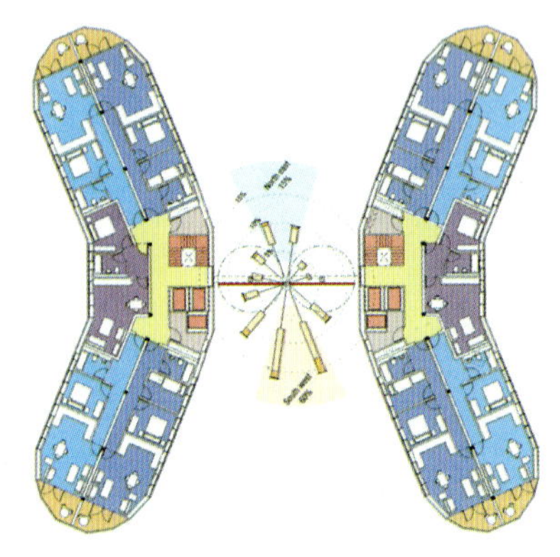

上图 SkyZED 由于它的花瓣形平面，最早被称为花瓣形塔楼——经过风力聚焦研究，这种平面到今天发展成为回飞镖的平面形状。

怎样才能把BedZED的社会和环境特点尽可能地复制到密集的城市内部区域呢？ZEDfactory找到一个位于旺兹沃思（Wandsworth）2号地区内的不受喜爱的交通岛，区域内具有良好的公共交通节点，正好临近一个没有充分利用的滑铁卢（Waterloo）线上的高架车站。

这块土地从未被考虑过作为居住用地，目前行人禁止通行，且有一个大型的广告牌。旺兹沃思市政厅现在沿路进驻了许多短期租赁且机能不良的办公建筑。所以我们设计了一个供当地政府使用的四层无车办公建筑平台，顶部是一个带幼儿园和酒吧或咖啡馆的公共屋顶花园。

在办公建筑平台上面是两座35层高流线型刀片状的公寓，大约可容纳300套经济型工人公寓，每户有1个或2个卧室，且可共享产权。两个刀片状的塔楼每六层连通，通过扩大的公共电梯厅，结合公共的植草花园，为住户提供了共享的游戏场所。居室位于交通干线以上足够高度，以稀释空气污染，以达到伦敦的正常标准。同时，还使用了三层玻璃和热回收通风设施的超保温、蓄热围护结构，不仅使得热量需求降低到大约1/5普通家庭的需求，而且提供了优良的隔声性能。

右图 方案的环形交叉基地鸟瞰——与褐土场地相结合可以看出其与当地规划及河岸开发极好的交通联系。

每套住宅都有带开启窗的双层玻璃阳台。设计将建筑一体化风力涡轮机组朝向主导风向——在基地红线内实现用可再生能源满足所有住宅全年的电力需求。在伦敦的这个地区，也可以在市区的加油站和超市外面找到同样的风力涡轮机。细致的外形设计意味着一个位于旺兹沃思地区的SkyZED的风力涡轮机，可以有着和位于威尔士（Wales）山地的同样设备一样的电力输出。

原有的地下通道系统被加以改造，加建了一系列玻璃天井，使人们可以安全、快捷地从车站横穿到新的旺兹沃思河岸区，有效地弥合了20世纪70年代的交通工程对城市建筑造成的伤害。这个SkyZED做到了在不减少该地区开敞空间的情况下，提供超过300套的住宅，同时，作为城市关注的最重要的方式之一，它创造了一个地标性的绿色大门。

上图 旺兹沃思项目的沿街景观，是一个上面有住宅塔楼的商业项目。

SkyZED	SkyZED（整个基地）	BedZED（核心区）
住宅		
每公顷可居住房间数	3045	408
每公顷居住人口	1218	347
每公顷住宅套数	501	117
公共开敞空间	3/3646	2.42/840
私人开敞空间	0/0	3.8/1328
办公空间		
可能的办公面积（m^2/人·hm^2）	1.8/2235	0.65/203
野生动植物生存地（m^2/hm^2）	0	2559
实际办公面积（m^2/人·hm^2）	—	0.05/15.6
室外运动设施（m^2/人）	0	2.42
公共福利设施（m^2/人）	0.98	1.3
交通		
每户／每公顷停车位	0/0	0.68/79.6
每户自行车停车位	1	1.2
每户合用汽车数	0.02	0.03
每户电动车充电处	—	0.25
舒适性		
每户阳光室面积	7	10.9
每户网络送货点	1	1
每户自留地	1.03	1.09

下图 裙房层平面（5层）有一个供居民使用的屋顶花园，它大大高于下面的道路，以保证良好的空气质量和低噪声污染。

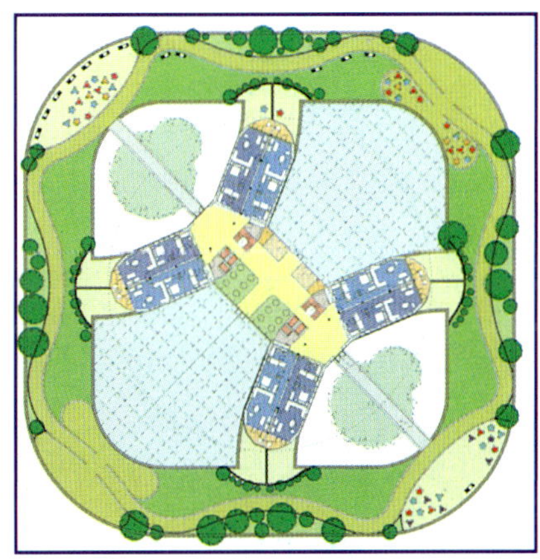

上图 现在，无传动风力涡轮机可以在室外很多贸易中心和加油站找到，它的噪声，就是在强风时，也只比一辆开过的汽车大一点。

哈罗零能耗开发（Harrow ZED）

介绍

在BedZED之后的第一个零能耗开发应该是哈罗零能耗开发HarrowZED，离哈罗镇南线地铁大约4min的步行距离，位于一个废弃的圆珠笔厂的褐土基地上。业主是一个新的公司——由迈克尔·施瓦兹（Michael Schwartz）创建，致力于在英国各地开发混合使用的零能耗社区。

这个项目再次提出零能耗工作室开放式登记的CO_2排放交易工具手册中最初的申请，就是建筑达到零能耗标准所增加的成本，可以通过和地方政府协商达到规划收益上一定的补偿水平来弥补。要求的较高密度，使工人住宅区有可能实际应用安静的建筑一体化无传动风力涡轮机，从而显著地减少对稀有生物能的需求，同时也使太阳能城市居住区可以用可再生能源满足全年的电力和供暖需求。而新的开发项目通过基地内的可再生能源满足自身的电力需求正变得越来越重要，不再需要本来就难以占领市场的大型风力发电来为我们具有历史意义的基础设施提供动力。

超保温、三层玻璃、高蓄热体以及热回收风机不仅实现了便宜的能源账单，也提供了很好的隔声性能。小型的商业区和社区中心整合在修建后的铁路拱顶内，它们可以提供部分基地内的就业机会。同时，社区内的公共果园、屋顶自留地和太阳能电动车合用组织使居民有机会进一步接受"一个地球的生态足迹"这一观念。

右图 东面的鸟瞰示意图，来表示绿色屋顶、南向光伏板和屋顶安装的风力涡轮机。

左图 东立面表示了标准化零能耗设计ZED in a Box单元与中等规模的塔楼相组合的情况。

在创建一个有着1/3福利出租房、1/3共享产权房和1/3出售私宅的混合社区的同时，其目的是要说明，对大部分居民来说，对环境影响的逐步减少可以产生更高的生活质量。GIA的伦敦规划要求伦敦的每个区都应在2010年建成一个零能耗开发区——这个团队已经建立并开始运行，热切地参与新的开始。

SkyZED	SkyZED（整个基地）	BedZED（核心区）
住宅		
每公顷可居住房间数	431	408
每公顷居住人口	441	347
每公顷住宅套数	168	117
公共开敞空间	0.2/123	2.42/840
私人开敞空间	1.8/1075	3.8/1328
办公空间		
可能的办公面积（m^2/人·hm^2）	4.2/1876	0.65/203
野生动植物生存地（m^2/hm^2）	–	2559
实际办公面积（m^2/人·hm^2）	–	0.05/15.6
室外运动设施（m^2/人）	1.8	2.42
公共福利设施（m^2/人）	0.5	1.3
交通		
每户／每公顷停车位	–	0.68/79.6
每户自行车停车位	1.06	1.2
每户合用汽车数	13 total	0.03
每户电动车充电处	–	0.25
舒适性		
每户阳光室面积	4.9	10.9
每户网络送货点	1	1
每户自留地	–	1.09

左表 哈罗零能耗项目（HarrowZED）的KPI表格。这些数值在出版之际是正确的，但随着项目的发展，可能有所调整。

下图 第三阶段平面——混合使用的单体周围环绕着公共的绿色开放空间。

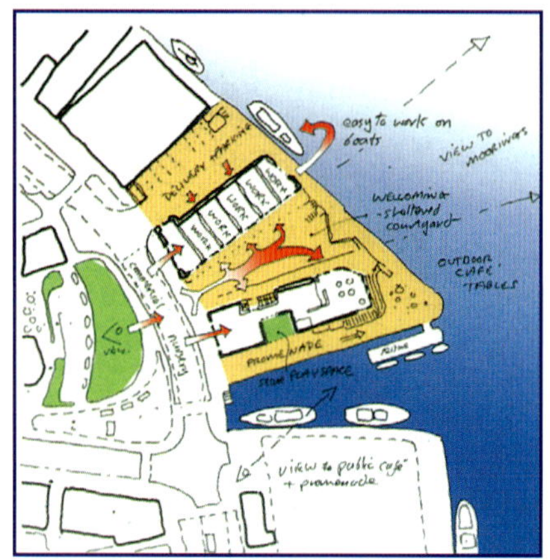

上图 一对将建于潘林镇码头建筑的平面图，这对建筑将作为作坊店铺、瑜伽练习室及一间在其他店铺间的咖啡室。

上图 设计方案的沿河视图展示了两座建筑、中间的庭院以及与河的关系。

康沃尔郡潘林（Penryn）港朱庇利(Jubliee)码头

介绍

该地紧邻潘林（Penryn）港口及河岸，为老朱庇利（Jubilee）码头的一部分。潘林河流经东南两侧边界，沿这段边界有一石砌码头。目前该基地是空的，不过，在原有建筑物被拆除之前，该基地是个小船厂，在此之前则是堆煤院子(仓库)。

业主对这块地有清晰的洞察力：要建造一个可持续发展的社区和艺术工匠集中地，在白天和夜晚都能吸引人流，同时，他们的小区也与潘林镇现有社区和河边社区相比邻。该工程给潘林镇提供一个适合该镇需求的综合开发模式，用现代风格设计建筑，使其在地域和当前技术条件的限制下，尽可能地实现可持续发展和能源的高效利用。

该方案合并了位于中心庭院两侧的两座建筑（一座4层，另一座2层），由于结合了两栋建筑物，产生了3个独特的区域，一个沿码头的朝南公共露天区；一个半公共性的工作庭院；还有一个朝北，供居民进出与停车的私密区。尽管形式迥异，而相似的建筑材料及细部的应用使两栋建筑物融合成一个整体，相映生辉。

在设计中，确保该设计方案与现有社区以及城镇风光相融合至关重要。因此，该工程包括：沿基地周边的河边步道；从该地通往潘林河的一个自由进出口；岸边停泊处安全通道；一个带有淋浴与卫生间的新船坞用来鼓励和促进水上交通。

右图 设计方案将使用几种可再生技术，如风涡沦机和碎木燃料锅炉，为建筑提供动力。建筑的造型有助于利用开敞的河边基地的风能。

东伦敦 Bow ZED

上图 Bow ZED方案的鸟瞰图，显示了它的玻璃阳光室、退台的屋顶花园以及和街道的关系。

介绍

Bow ZED 是一个市场直销的4层公寓单体的开发项目，该公寓楼与其他公寓区别在于，其建造符合零能耗规范，结合所有BedZED的先进特点。大面积南向玻璃窗可以获得被动式太阳能，为避免过热以及夜间温度骤降，楼面由附加有效隔热体的预制混凝土板制成。所有墙面有300mm厚的保温层达到超保温效果。所有窗户均为斯堪的纳维亚标准的2～3层玻璃的软木窗。这种构造的气密性设计也达到斯堪的纳维亚标准。太阳能发电装置和太阳能制热板均结合到屋顶和玻璃阳光室中。

空间设计围绕一个服务核心设计，可采用被动式井道通风，消除了对风扇的需求。更好的改良方法是安装通风帽和热交换器，将通风带来的热损失降至最低。规划允许该种设计，通过对建筑风格与建筑功能有机的结合，空间的品质超过了市场对居住舒适度的预期水准。Bow Zed验证了，即使在土地十分紧张的市区，并且开发商要求常规的市场回报的同时，零能耗设计仍旧能符合要求。

下图 该方案的沿街透视图，表示其南向阳光室和退台的屋顶花园。

附录 A2 术语表

自行车族

当地或是附近街区的自行车族互相支持，为得到更好的本地设施而游说，组织社交骑乘和共享信息等。

生物能原料

生物能是一个用来形容无论动植物的所有生物的一个术语。焚烧植物燃料释放出（植物内）被太阳照射产生的能量，随之产生了CO_2（CO_2是导致气候变化的主要温室气体），虽然这只是在植物生长过程中吸收的那部分CO_2。作为能源这其实并不是完全的“零能耗”，因为需要额外的能源来维持、照管和收获农作物。

CO_2排放

CO_2是最重要的温室气体（温室气体导致气候变化）。通过燃烧汽油，煤和石油等矿物燃料而产生。虽然在英国生活高度依赖于这些矿物燃料，但如果我们要将气候变化的威胁降到最低并且能在能源需求上更加自给自足的话，我们就迫切需要降低对此类能源的依赖。

我们能源的未来：创造低碳经济，托尼·布莱尔承诺到2050年实现碳排放量减少60%，到2020年实现实质性的改变。

零碳

当一种基于植物燃料的植物被焚烧时，它释放出与其在生长过程中从空气里吸收到同等量的碳。

汽车俱乐部

俱乐部成员们可以使用从当地汽车联营组织得到的车作短途旅行。

氟氯化碳

氟氯化碳是一种能消耗臭氧层的化学药品，它被用于很多用途：例如制冷剂、气雾剂载体和电子工业溶剂。有些物质已经禁止用于制造业，还有很多用于工业的这类物质来自于回收再循环，它们的使用不久就要逐步停止。

气候变化

由于工业发展依赖于燃烧石油和煤这样的矿物燃料，导致大气中的温室气体日渐增加（主要是CO_2），引起全球气候变暖，而且还可能引起更加极端的气候状况和相关的恶果，比如更频繁的洪灾。

热电联产

热电联产的过程是从一个位于中央的设备产生电和热量——该设备的燃料可以是可再生能源或矿物燃料，并且属于各街区热、电联网的一部分。

立体堆肥装置

为了使由零能耗住宅居民产生的掩埋垃圾减至最少，类似该方式的低成本环保型堆肥装置将废物循环利用变得更加简单。这个很结实的1m^3的回收塑料盒能满足单独使用的要求。

生态足迹

生态足迹是描述某个过程或个人生活方式对于一定面积土地的环境影响的一种计算工具。举个例子来说，在英国每人需要大概6.3hm^2的一块富产生物的土地来养活。这包括了一定数量的森林来吸收由此人生活方式和活动所产生的CO_2量，但不允许该土地任何区域存有野生动物。如果指定10%的土地给野生动物的话，那么在地球上大概每人只有1.96hm^2。这意味着如果每人的消耗量和典型的英国市民一样多的话，我们将需要3.2个地球面积的土地来养活地球上的人口。

生态住宅

生态住宅意味着一或两个方面——它可以是"生态学的住宅"，一个基于环保原则的房子。或者它可以是英国建筑研究组织（BRE）环境评估守则（BREEAM）的所描述的，经过对环保性能的评估，确定其高品质卓越性能的住宅。

包含能源

用于产品生产制造的能源（环境科学：系统和解决方式，McKinney & Schoch 著作）。

根据所囊括范围的不同，有很多包含能源的不同定义。布莱顿大学（Brighton University）的定义如下：

简单说来，一个物品的包含能源是指归因于导致该物品现状的全部能源。因此它包括获取、生产、制造和合成原材料的能源消耗，以及在生产过程中的原材料运输的能源消耗。另外还包括生产参与这些过程的机械和交通工具及建造和维护相关建筑和道路时所消耗的适当比例的能源。

将能源的使用分类为"使用能源"和"包含能源"很有用。以下给出了一些例子。如果要寻求建造环境的能源影响更好的描述的话，这里的《21世纪议程》（Agenda 21）在很多方面阐述了"使用能源"。

使用能源
- 供暖，照明，电力能源；
- 设备用能，比如提供用水、废水和污水处理、清洁和维护；
- 由使用和位置所产生的里程数。

包含能源
- 建材制造能源；
- 材料运送的里程数；
- 建造能源；
- 拆除和处理建筑的能源。

能源的使用本身对任何事都必不可少，因此是值得要的。重点在于不是避免能源使用，而是考虑能源的来源以及它是否很好地被利用。

让所有这些想法都得到考虑需要一个平衡的途径。期望所有的开发对环境的任何方面影响都减至最小或许是不必要的，无效的或不现实的。对各方面问题的理解及对基本原则的现实应用则有可能产生最好的结果。

能效等级（比如 A 级等）
欧盟能源标签根据大型家电的能效级别来评估，A 为最节能。

农产品市场
一个由居住在当地一定范围内的生产者直接向消费者出售货品的市场。

食品合作社
该活动通常由社区居民组织，让参加者以折扣价买到大量食品，并且允许用服务、时间或金钱来交换。这就允许低收入者由此获得当地的新鲜有机产品并鼓励社区感情，不然的话这些产品可能对他们来说就太贵了。

食品服务
这是一整套协作的措施，用来将提供食物到零能耗社区的食物里程数降到最低。它可以包括当地有机装箱计划、有机超市运送、家庭作物种植、农民市场和农贸商店等。

GGBS
场地粒化高炉矿渣颗粒 ——（用于当前产品生产的废物）当前水泥生产中使用的废弃物骨料。

绿色交通策略
一个经过调整的策略，用来提供现代、方便以及可负担的交通方式，可以降低 50% 的矿物里程数。它包括了一个混合设施，比如汽车俱乐部、太阳能电动车辆基本设施（比如充电箱）、自行车设施、家庭递送安排和公共交通连接。

热回收
热回收和热回收装置用于提取排出建筑的废气中的热量来预热进入的新风，从而减少建筑结构的热损失。该过程中电力风机的存在将视具体情况而定。

住宅入货口
这是提供给居住者的一个安全储藏系统，当住户不在家时可以收到递送的货品。

住宅区域
住宅区的范围，其道路空间通过限速和禁鸣的方式，由驾驶员和其他道路使用者（如行人、骑自行车者和孩童等）共享。

HCFC
含氢的氟氯化碳，见氟氯化碳。

"生物处理机械"
它是一个运用生态设计和工程学原则的处理废水的自然系统方式，废水和雨水储藏在地下室的储存罐里，之后由水泵将其抽出并通过一系列封闭和开放的水池，在此过程中逐步净化，可以再次用在很多地方，比如灌溉和厕所冲水。利用植物稠密的根系来辅助净化的系统是可行的。

有机装箱计划	有机水果和蔬菜通过一个当地基本设施形式的本地农场被直接送到家庭，这些农场致力于使用有机生长技术。
光伏电板	由若干独立电池组成的电板，可以直接将太阳能转化为电能。每块电池由在日光下释放出电子的半导体材料做成。最普遍的半导体材料形式就是硅，电池由两层硅组成，当太阳光照射到电板表面时，硅就能产生电流。
可再生能源	政府最近的能源白皮书阐明，可再生电能可以来自风力、海浪、潮汐、太阳能光电、水力发电、地热和生物能（从森林或是庄稼产生的能源）。它们都不产生碳，而就生物能而言，产生的只是植物生长过程中已经从大气吸收的碳。
景天绿化屋面覆盖层	景天变化属植物是英国最普遍的绿色屋顶覆盖形式——也称作景天，一种能够抵挡天气变化而且不太需要维护的耐寒植物。绿色屋顶提供给传统屋顶覆盖形式如瓦片和毛毡另一种选择，也给野生动物提供栖息之处，兼具美学优势。
可持续性城市排水系统	该系统依靠重力作用将硬地区域的水排到储存池或下水道。它允许足够时间来沉淀和过滤，因此地表水流失的污染物质减至最低，降低了水泛滥的风险。该系统如果和可持续水处理系统相结合，可以取得更好的环境效益。
可持续发展	是一种可以协调环境的、经济的和社会关系的发展方式。这样的发展有利于自然的环境、经济节约和社会幸福——其他好处包括了更适宜居住的社区、更低的生活成本和给子孙后代的环境安全。
交换俱乐部	通常是社区居民的一群人，同意在某个经过协商好的地点或活动中交换，以不想要的物品和家庭用品来换取物品或服务。这使不富有者可以以提供时间和服务来获取物品，否则他们是难以支付这些物品的。
滴流通风	为了满足建筑规范的通风和空气质量标准，建筑内的每个房间都必须有新风系统，通常是依靠结合在窗户中的通风口，并可以随用户的判断来启闭。
城市树林站	是当地可持续性林产中心和收集木材废弃物的中心，由地区生物局设立，将废木材转化为有用产品，比如用于发电的木屑。
挥发性有机化合物	这些有机化学物质很容易在室温下挥发。它们之所以被称为有机，是因为他们的分子结构中含有碳。该类物质无色无味无臭，可对人体造成诸如呼吸问题等伤害，可在涂料和家用产品中找到。

小木球在特别设计的炉或锅炉中可以产生热量。这些小球通常由来自锯木厂和其他木材加工工业的废弃材料制成。使用的材料包括了地上的木屑、锯屑和树皮。不需要化学添加剂，木材本身的天然木质素可当作胶粘剂，偶尔加入少量的黄浆。

燃木球丸锅炉

零能耗开发是一个创新的发展方式，以应对从根本上减少CO_2排放和其他迫切的可持续性因素这一挑战。支持该计划的主要策略如下：

- 减少能源需求，在无法实现全部能源供给利用可再生能源时，大部分能源供给可选择可再生能源；
- 设计更少依靠汽车的生活方式，发展多用途场地，提倡汽车联营和电动车；
- 尽量多用当地可再生和可循环利用的材料，使用包含能源低的材料；
- 减少用水消耗，通过收集雨水和循环利用基地内的中水／废水；
- 整合“绿色生活方式”服务，比如循环利用，现场堆肥，协调可持续性资源产品和当地有机食物的递送和收集废物等。

零矿物能源开发
（零能耗 ZED）

为了达到以上目标，零能源发展结合使用隔热体和其他建筑技术来防止住宅的热损耗，而且仅需要根据1995年常规建筑规范建造住宅的10%的空间采暖需求。这剩余的10个百分点能通过结合大量南向窗太阳照射和由人、烹饪和热水使用产生的室内热源达到，不需要中央采暖之类的空间采暖系统，以减少总的能源需求。

A3 为可持续的未来的装配式设计住宅

克里斯·特温（Chris Twinn），ARUP

零能耗住宅——具环境意识的满意住宅

我们正从过去走向未来，在过去，很显然材料、能源和水是无限的，而未来无疑由自然界有限的资源容量所定义。一个可持续的未来必须给我们提供持续的繁荣、宜人和舒适，而资源的使用却减少大概80%。用如此少的资源做更多的事情是一个挑战，它将唤起生活各方面最高水平的革新。

利用从诸如BedZED的发展中获取的广泛的经验，该项目试图证明如何能逐步实现这些变化。一个结构工程为我们对这些有限资源的使用提供了方法，它使我们明白如何使自然界能够提供的可再生资源得到更好地利用。这里的插图说明了一些有关能源和水的方法，它们展示了一个新的工程的思考，新的产品开发，以及对在商业现实中如何进行环保建设的不断理解。

新技术——能源分级方法

设计使用可再生能源的建筑需要的步骤，不同于使用传统的矿物类能源，通常这类能源在使用时被认为是无限的。可再生能源则是有限的，只能在有限的时间内利用，而且不能立即满足建筑的正常能源需求。为此Arup提出了一个能源分级方法对可再生能源进行评估并使其满足能源需求。在将所有能源的全部环境成本因素纳入它们的零售价格之前，使可再生能源节省成本具有相当的挑战性。能源分级是一种将能源的基本需要与最适当的可再生能源类型相匹配的方法。

针对能源最终用途的需求范围，通过对可能的可再生资源的全范围排列，产生了一个建筑设计优先级清单。关键问题是，最终需求等级与资源的最低可能性等级的匹配。可能性等级假定大部分的可再生能源变得更加有限，并且需要通过能源存储来进行联合，以实现需求和可用性之间的匹配。这个方法也包括对需求和可用性进行计划。围绕这些原则的建筑设计概念使可再生能源以最经济有效的方式得到应用。或许为建筑铺上太阳能光电采集器能适当地体现环境意识，突出新能源技术，但是在专业的能量分级条件下，不大的能量输出和当今的高成本暗示了可能还有更实际的方法，可以为大多数工程提供可再生能源需求。

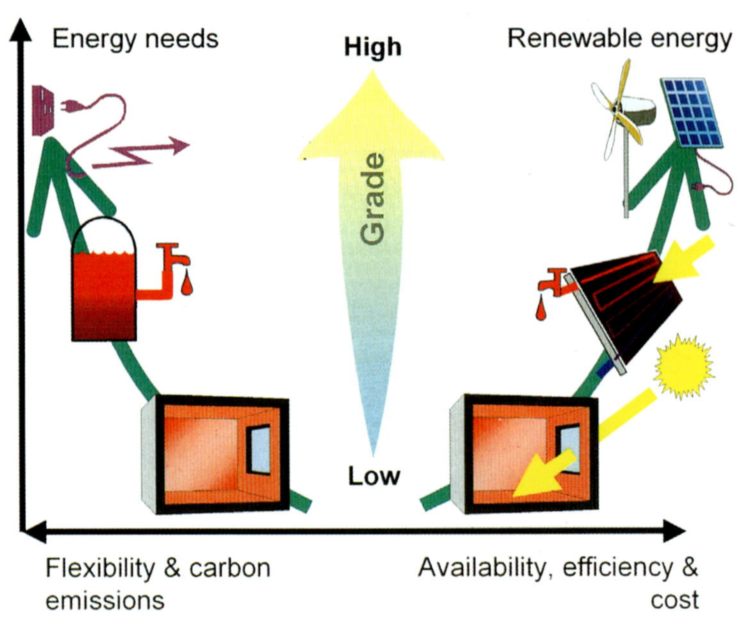

能源分级方法突出了一些有趣的问题。它表明了许多传统建筑系统内在的低能效问题，就是它们消耗高等级能源，却只提供低等级能量给用户。难道我们应该用这么多高等级的电能来驱动泵和风机，以输送所谓有效的低等级能量来满足房间舒适性要求吗？同样的，提供加热和制冷的热泵需要高等级电能吗？它强调了使房间舒适的被动式太阳能采暖和被动式制冷的显著的成本收益，以及首先为降低其能源需求而设计建筑的成本效率。

零供热住宅

应用能源分级的结果之一，就是对常规系统室内空间供暖需求的质疑。按常规，一个供热系统在给定的建筑维护结构最低保温标准下被简单地计量，以提供一个舒适的室内温度。然而，许多建筑由于其中的人和人的活动，因此有了内部的热量。既然如此，何不将隔热与蓄热体的热量存储一起计量，使得这些热量在整个白天和晚上都是足够的，从而避免任何常规供热系统的需要呢？

由于英国建筑规范已经提高了保温最低标准，于是缩短了一年之中供热系统需要运行的时间比例。然而供热系统的成本并未按比例下降，这就引出了一个问题，为了完全排除供热系统需要什么样的隔热水平，并由此获得成本回报？

建筑物理

设计的目标是，通过完全开发建筑维护结构和构造，作为首要的市内气候的调控手段，来获得成本和能量的回报，也就是可以省略完整的机械系统。英国的主流很少接纳这种早期的设计分析，因为这一行业倾向于严格地按市场预期的接受度运作。BedZED却不一样，因为工程组委会在最早期，甚至在购买土地之前就论证了这些原则的生存能力。像通常的情况一样，需要相当复杂的分析来证明，这样一来，一个简单的解决方案是可以完成的。

在热量分析期间，来自居住者、器具、烹饪、洗涤和太阳的热量其有效性在时间和数量上都是很不确定的。还有一些类似的影响参数，如玻璃窗的尺寸，它有时也能提供有用的太阳热量，然而本质上它也是最大的热损失构件。事实上，也没有必要为一个特殊的情况来制定稳定不变的能量流程。低等级热流通过厚墙壁需要时间，而在这段时间内，外部影响条件可能发生变化，经常到这种程度，热量可能不能通过墙壁，并可能会倒流。调整材料的热容量和绝热特性以及能量传递装置，都能对能量的传递及其是否能被再利用产生非常重要的影响。通过使用建筑工业大量使用的，有很大热惯性的常用材料，与稳态理论相比，得到的结果会有很大的差异。

配合使用动态模拟热分析工具并结合实际气象数据，可以确定零供热住宅所需要的材料特性和建筑物质量。先进的计算机工具，在过去十年对分析办公楼被动制冷技术得到最初发展后，已经用于主要的住宅设计工程了，对于BedZED 工程来说，这是第一个机会。计算机可以提供所需要的分析和预测工具，给有可能取消常规家庭供热系统的设计以信心。它表明采用大面积高热容量材料的超隔热住宅，通过自然产生的被动式室内热和太阳辐射热满足其供热需要。

分析显示存在一系列需要解决的、不同的"最差设计条件"情况：最低的室外空气温度往往是与晴朗无云的夜空有关，而这些最通常关系到白天得到的太阳热量。长期的多云天空是问题严重的，尽管这通常有更高的室外空气温度。不同居住者的生活方式也必须仔细考察，例如，住户需要提供什么程度的吊顶供热，要是一个新生儿就需要较高的室内温度。另外一个设计环节就是当住户较长时间离家而不提供他们的热量，如果住户回家时没有大的供热系统恢复室温，那么确保室内温度在无人期间不下降是另外一个临界设计情况。只要能够避免相邻住宅温度本质上的差异，联排的单体就可以很好地减少总的热量损失。建筑维护结构的气密性是一个相当关键的参数，对于朝北的工作场所而言，要提供使用灵活性，就要按比典型办公室更低的机器热量来操作，比如说像居住——工作单元的工作室，因此也需要有一些后台加热。

计算机分析和模拟的主要优点是对所有可能的情况寻找解决方法，从而使设计可以用简单有力的设计方法来实现简单的被动式供暖。

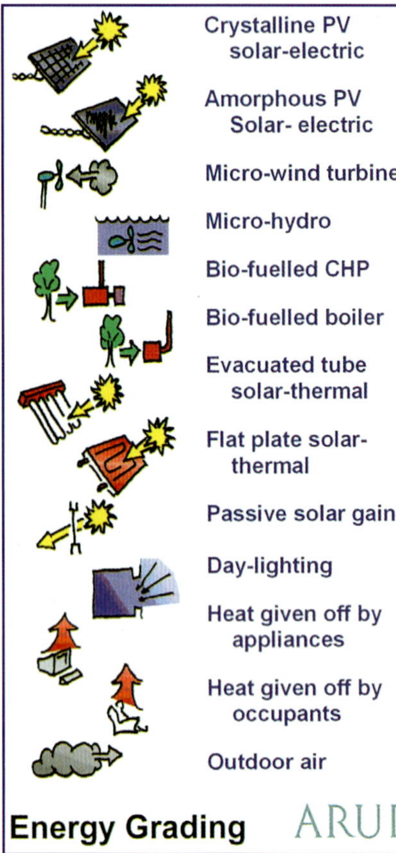

建筑物质量和朝向

分析的结果之一，就是建议居住和办公的不同建筑有明显不同的朝向。工作空间有潜在的高使用率和办公机器得热量，这些如果加上太阳热量吸收，会使房间温度有时过高，导致在夏季需要辅助的机械冷却系统，因此这些空间最好朝向北方，这就使自然光的可用性达到最大，减少了白天对人工照明能量的需要，同时避免了额外的太阳热量吸收。热惯性高的房间表面，意味着工作空间能够很容易地吸收常规标准的办公设备热量，实现靠被动式制冷和夜间凉爽的自然通风维持盛夏的舒适性。

另一方面，住宅有较低的使用密度和内部得热量，所以要通过朝南，从辅助的太阳热中得到有益的补偿。热惯性结合夜间凉爽的通风也能保持夏季室温足够凉爽，而另一方面，隔热良好的住宅则需要机械制冷以避免夏季温度过高。

风能发电

英国被认为大概是欧洲最有风能潜力的国家。风车在我们传统的景象中，作为工业化前的主力分散在乡村各地，而现在，风车技术已经进入了提供高等级电能的时代。随着在全英国范围内，新一代大型风力涡轮机在风力发电厂的建造，它正逐渐成为为电网提供可再生电能的一个经济实效的主流方法。

大量的能量需求在我们的市中心，与大多数发电厂距离遥远，所以能量在输送到需求地时产生了相当的损失。如果我们在用电点附加利用城市的可用风力来发电，那就可以消除这些输配电损失。楼宇自身可以引导风向，所以通过精心的设计，就可能通过楼宇已安装好的风力涡轮机发电。如果安装于更高的建筑上，更有利于风力涡轮机达到相当高的风速，从而比安装在地面上生产出更多的电力。

零能耗塔楼(ZEDtowers)的设计可以使利用风力产生的可再生能源最大化。通过一系列风力涡轮机在一个较大的风向范围内获取风能，并且平稳地改变方向。这种涡轮机专门适用于这个建筑，结合特殊尺寸的发电机适应更高风速，而且采用无齿轮传动及合适的叶片来减少噪声。风力涡轮机产生的电被转换到电网中，可以直接被零能耗建筑的住户利用。

生物质燃料的热电联产(CHP：热电联产)

理想情况下，任何住宅都应该从它附近获得所需能源，这样对环境的影响将会减少到最小。因此在每个住宅都依靠周围的能量独立运行时，并且这些能量可以在住宅附近获得，我们可以优先考虑最大限度地利用可再生的太阳能、风能和新鲜空气，这是家庭能源需求自给自足的中心思想。

配合太阳能的获取——用光电集成、太阳能集热板，加上小型风力涡轮机的应用，住宅能源系统因此大大减少。尽管如此，在建筑密度的不断加大，以及可再生能源的利用仍然昂贵的情况下，以当前的成本水平，使用这种方式是不可行的。这种想法转变成更大范围的当地社区能源自给的形式，对于BedZED，就是最终确定使用生物质燃料的热电联产系统作为一种可能的解决方法。

可持续化发展和其资源生产力的关键要素是找到废物源，当做原材料使用。现存的一种当地社区的废物源被确认是一种城市树木的废弃物。这些修剪下来的树枝最初被当地政府丢弃并填埋，但是随着填埋税的增高，使其成为一种理想的可供选择的低成本能源。来源于树木的这些垃圾是可再生的，通过燃烧放出的碳被继续生长的树木所吸收。一种专利的小型燃气发生炉系统就着眼于能够将木屑转换成一种木材气体，用于做热电联产设备的火花点火引擎所需的燃料气体。

对小型的CHP建立资金成本可行性研究是最困难的，但是这项工作对作为原型的生物质燃料系统却更具有挑战性，因为在成为一个大批量生产系统之前，燃气发生器的燃料处理系统几乎使成本加倍。因而，设计的主要目标就是要将建筑的能源需求减半，以减小设备的尺寸，使得生物质燃料热电联产系统可行。而建造混合功能的建筑物，各种功能的负荷峰值出现在不同时间也是有帮助的。同样，减少风机和水泵，使用欧盟A级设备，紧凑型节能荧光灯具，用户可视读表器，这些都是减少能源，特别是电能消耗的途径。

该设计还通过确定其他方面的资金成本来帮助投资CHP。在住宅中，除了减少通常用于这种规模建筑的大约100个燃气炉以外，还省去了一些系统及主要燃气连接管线。类似地，对非居住用途的被动式建筑的设计有助于减少机械和电力设备的成本。通过充分减少峰值负荷，使峰值负荷与CHP的输出匹配，因此取消了通常为了满足冬季供热峰值负荷而在CHP旁设置的锅炉。通过减少采暖需求，大幅度缩减到只向北向的工作区供暖，以一个CHP机组来满足建筑总的热负荷需求及生活热水需求，而机组的容量和年均BedZED电力需求相匹配。与电网的输入/输出连接作为传统的备用锅炉房的经济替代方案。

热回收风帽

风帽通风系统是对能源分级应用的一个例子。通常，大量高等级的风机和水泵电力被消耗用于提供低等级的能量来满足室内舒适温度控制和通风的需要。这种趋势非常显著，因为这类系统在延时工作。而建筑维护结构变得越来越密封以减少无法控制的热损失，这时，通风系统可控制的最小换气次数就变得特别的重要。例如住宅建筑中最小新风量需要排除厨房、浴室凝结水汽、厕所臭气和厨房油烟。

英国建筑规范允许在设有小流量通风设备和被动式的排气道的情况下，可以不设通风机。

然而，通过窗户上窄条风口引进的未加热的室外冬季新风需要在每个房间重新加装采暖设备。为BedZED开发了一种风帽系统，用于将经过预加热的空气导入房间内，同时，排出有害的废气，并在排风时进行热回收。

通风帽系统是Arup公司数十年来应用和开拓利用低速风开发工作的巅峰。BedZED的通风帽是第一个利用风能来进行热回收的，它用正、负风压来送风和排风。它们也产生足够的压力把风沿着管道送入室内，将预热的空气送入每一间客厅和卧室，并且将每一间厨房、浴室和厕所的废气排出来。风帽的设计是先经过原理和测试，然后在全比例风道试验中进行完善。还需要开发专门的测试方法使通风气流和压力特性量化。这些使得风帽可以实现可靠的通风和热回收性能，因而可以取消住宅中各种通风机、（窗上的）滴流通风设备、电力、控制以及新风的加热，取而代之的是一个只使用可再生能源的系统。

光电板的太阳能发电

在光电板大批量生产之前，使用光电板利用阳光发电为建筑提供动力现在仍然相对比较昂贵。目前尽管可以用补助金来缩减费用，但光电板仍过于昂贵，通过节约相对便宜的电能不足以回收成本。虽然如此，建筑应该经得起时间的检验以便在可以预期的将来，当光电板的成本降低之时，在南向立面安装太阳能集热板。如果建筑物通过生物质燃料热电联产实现了碳中性，这将促使人们详尽研究BedZED居住者可能的生活方式所消耗的生态足迹，以及由此消耗的交通燃料产生的显著碳排放。

光电板的用途有很多，不仅仅限于建筑。例如，用光电板电能作为交通能源就很便宜。在英国汽油每千瓦时的花费要显著高于电网电力和固有效率很高的电动车，使用电动车的效益是显而易见的。当城市内95%的旅程不超过25mile（约40km），正好在电动车的使用范围，因此，就有机会用安装在建筑上的光电板为零碳排放的城市电动车提供动力。当光电板用于为建筑供电时，其投资回报期为75年，如果用于替代有高附加税的石油，那么回报期会减少到13年。再加上欧盟和英国的补助金相当于50%的资金成本，使理论上的回收周期缩短至6.5年。

107 kWp的光电板被组合到BedZED的南向立面上，足够给40辆电动车提供动力。汽车充电装置已经安装，居民如果使用电力汽车，可以免费泊车，还可以给汽车充电。现在BedZED也已经有了区域生态化发展集团（BioRegional Developments）发起的这种汽车的租赁业务，还有扩大这种汽车使用的计划。有趣的是无排放的电动车将会被排除在伦敦新的市中心免费路上充电的计划之外。对太阳能电动车的使用，有效地将BedZED项目从碳中性的建筑为转为可再生能源的净输出者。或许这就是我们建筑的未来。

水

清洁水即使在英国的气候条件下也日益成为一种有限的自然资源。日益增加的水的需求，更突出了极大的能源需求，用来没有浪费地输送清洁水，并排放和处理使用后污水。BedZED 寻求将处理的饮用水的需求减少至少50%，并在现场处理污水，以减少能源的使用同时便于使水再循环。

在这些建筑中，已经建立了一些很好的实际措施，包括防止流量过大的节流器、使用压力淋浴喷头而不用电喷头、户用可视计量表、欧盟A级用水器具、低/双流量的抽水马桶。从屋顶表面收集雨水并存储在地下的储存罐中，供灌溉和冲洗马桶。在污水处理部门同意采用和控制整个系统的情况下，在开发中加入了本地污水处理系统。生态学的污水处理系统倾向采用已建立起来的植被做为二级以及三级的清理手段，选择它部分是因为较低的能耗。系统将水处理到一个相当高的标准作为可循环的“绿水”，作为雨水储存器的补充。

用可持续发展排水系统（SuDS）的原则来处理那些被汽车、动物、园艺轻度污染的地表水。用有渗透性的坚硬的表面、清除任何污物的基层过滤层，以及基地的蓄水表层，来避免地表水直接排入下水道。相反，让雨水慢慢渗入地下和当地水体，如同地面上没有建筑时一般。

A4 ZED 中国合作伙伴

伦敦市长办公室

伦敦市长办公室以实现伦敦作为一个世界级都市的经济,社会和环境的可持续发展为使命。着眼于城市和基建,支持市民发展,刺激经济开发和推广伦敦,伦敦市长办公室为伦敦提供市长经济发展策略。

上海世博会协调局

中央政府成立2010年上海世界博览会组委会(简称组委会),作为全国筹办上海世博会的领导机构;组委会下设执委会,作为组委会具体工作的执行机构;执委会的日常办事机构是上海世博会事务协调局。

上海现代建筑设计集团

上海现代建筑设计(集团)有限公司是一家以建筑设计为主的现代科技型企业,由拥有近50年悠久历史和辉煌业绩的原华东建筑设计研究院和上海建筑设计研究院于1998年3月联合组建而成,在国家建设部历年全国勘察设计单位综合实力测评的前100名中跻身于前5名。近年作品包括金茂大厦、环球金融中心等。

TopEnergy 筑能网

筑能网TopEnergy成立于2003年,经过5年的发展历程,一直秉承绿色建筑学术理念,积极组织、举办、支持各种学术论坛、会议,凭着对绿色建筑事业的热爱与奉献,筑能网各种学术活动均获得了丰硕的成果。凭借自身不懈的努力,筑能网已在绿色建筑领域相继开创了多项"第一":中国第一家绿色建筑专业的技术交流论坛;中国第一家发布绿色建筑专业电子期刊的网站;中国第一家致力于创建国内最大建筑节能产品库的网站;Google搜索"绿色建筑"、"建筑节能"排名第一的网站。

中国建筑工业出版社

中国建筑工业出版社
CHINA ARCHITECTURE & BUILDING PRESS

中国建筑工业出版社是建设部直属的中央一级专业科技出版社,成立于1954年6月。50年来,她一直肩负着整理、保护、弘扬中华民族优秀的建筑文化,促进中国建筑业科技进步,宣传中国建设成就的历史使命,为我国广大建设工作者奉献了大量优秀的建筑精品图书。是中宣部、新闻出版署表彰的全国第一批"优秀图书出版单位"之一;连续三年荣获"讲信誉、重服务"出版单位称号;全国出版社十三家大社、名社之一。

大连理工大学出版社

大连理工大学出版社成立于1985年，是由国家教育部主管、大连理工大学主办的中央级大学出版社。出版社依托国家重点大学丰富的学科资源和雄厚的师资力量，出版各学科教材、科技著作、外语、电子计算机、建筑、景观、室内与平面设计各类实用型图书，年出版图书上千种（含新书、重印和再版）。

凭借良好的声誉和高效的运作机制，大连理工大学出版社现与世界上几十家著名设计类书刊出版公司在建筑、景观、室内和平面设计出版方面建立了密切的业务联系与合作，引进的外版图书以其对原文忠实、准确的翻译和精美的印装质量受到了国内外读者和国外业务合作伙伴的广泛好评。

皇明太阳能

皇明太阳能集团是目前世界上最大的可再生能源供应商，年推广太阳能热水器约300万m^2。皇明集团主要产品还包括全玻璃真空集热管、太阳能锅炉、太阳能与建筑结合、太阳能高温热发电、太阳能光伏发电、太阳能光电照明、温屏节能玻璃、太阳能空调等。皇明始终引领行业发展潮流，拥有国家专利460项，先后承担和参加六项国家“863”项目、一项国家“火炬计划”项目、一项国家“双高一优”项目。

阳光电源

合肥阳光电源有限公司成立于1997年，2007年7月成功引进外资。11年来，公司专注于可再生能源发电产品的研发、生产，主要产品有光伏发电电源、风力发电电源、回馈式节能负载、电力系统电源等。

阳光电源先后成功参与了北京奥运鸟巢、上海世博会、三峡工程、上海临港大型太阳能光伏发电项目、湘电集团2MW直驱式风电机组项目、全球环境基金可再生能源项目、西班牙Malaga 5MW大型光伏电站、英国和法国小型风力并网发电项目、国家送电到乡工程、青藏铁路、南疆铁路、广州白云机场、深圳地铁等重大工程，产品取得多项国内外质量认证，并畅销海外。

ZED 中国区客户

万科集团

万科企业股份有限公司成立于1984年5月，是目前中国最大的专业住宅开发企业。公司致力于通过规范、透明的企业文化和稳健、专注的发展模式，成为最受客户、最受投资者、最受员工欢迎、最受社会尊重的企业。凭借公司治理和道德准则上的表现，公司连续五年入选"中国最受尊敬企业"。

北京居易国际集团

居易国际（全称为"居易国际集团控股有限公司"）是一家在香港注册的投资机构，同时向房地产私募股权基金提供投资管理服务和开发管理服务。未来之家居易国际自成立以来，居易国际鲜明地提出要做"中国心灵地产的倡导者、实践者和领导者"，以专业化、跨区域为发展方向，面向迅速扩大的城市中坚阶层，在北京、南京、沈阳、济南、郑州等多个大中城市建立以心灵关怀为核心理念的住宅产品系列。

宁波诺丁汉大学

宁波诺丁汉大学是中国第一家经教育部批准引进世界100强优质高教资源的中外合作大学，颁发与英国诺丁汉大学相同的文凭。

宁波诺丁汉大学地处宁波市高教园区，由宁波市人民政府主办，浙江万里学院与英国诺丁汉大学联办。宁波诺丁汉大学是中国第一家经教育部批准引进世界一流大学并具有独立法人资格、独立校园的中外合作大学。宁波诺丁汉大学的创办，使中国学生能以远低于海外的留学费用、不出国门就可以享受到世界一流大学的教育资源。

北京未来之家

未来之家置业有限公司原名为中建科高通置业有限责任公司，创建于1996年。公司成立以来，曾承担国家小康示范工程。该项目已于2000年结束。2003 年公司以建设部推动国家建设科技综合示范工程——"未来之家"为契机，综合运用最新的建筑节能、生态、健康、绿色、环保和数字化技术，通过示范项目的实施，全面提高中国住宅产品的整体质量，以品牌的方式进行房地产开发，创建新一带住宅的典范。

词汇对照表

AA =Automobile Association of Great Britain / 英国汽车协会
Acid deposition / 酸沉积

all—inclusive development cost / 开发总造价
AUTO—DISCONNECT UNIT / 自动脱离电网设备

BDa ZEDfactory / 比尔·邓斯特建筑师零能耗工厂
BedZED / 贝丁顿零能耗开发
BIO — FUELLED CHP / 生物质燃料热电联产设备
BioRegional Development Group / 区域生态化发展集团
BRE / 英国研究机构
BREEAM / 英国研究机构环境评估方法
Brownfield / 褐色土地——经过开发后又闲置的城市用地

CABE =the Commission for Architecture and the Built Environment / 建筑和建设环境委员会
carbon—neutral / 碳中性
Carbon Neutral Toolkit / 碳中性工具手册

DPC =damp proof course/ 防潮层
DPM=damp—proof membrane / 防水层（膜）

Eco—Homes / 生态住宅
eco—slob / 生态懒汉
ecological footprint / 生态足迹——养活一个人所需的生态面积
Ecopoints / 生态指数
Embodied energy / 包含能源
Energy White Paper / 能源白皮书
Environment Agency / 环境事务局
ETA=Environmental transport Association / 环保运输协会
Eurostar deals / 欧洲之星协定

Foodmiles / 食品运输里程
FSC =Forest Stewardship Council / 森林从业者协会
FOUL WATER / 污水

Government Housing Energy Effciency Best Practice Guide / 国家住宅节能最高应用指南
Greenwater / 绿水
Grey water / 中水
GRID / 电网
gross external cost / 外部总造价
gross external build—rate / 单位建造成本

IMPORT/EXPORT METER / 双向电表

Mayors Energy Strategy / 市长能源策略

NHF=National Housing Federation / 国家住宅联合会质量标准

off-site manufacturing / 预制品
Ozone depletion / 臭氧损耗

PPG= Planning Policy Guidance / 规划方针指南

residual land value / 剩余土地价值

SDS=Housing Corporation Scheme Development Standards / 住宅公司设计开发标准
SEPTIC TANK / 化粪池
slow food movement / 慢餐运动
square metre build-rate / 每平米建造成本
SUDS=sustainable urban drainage system / 城市可持续排水系统
Sustainable Communities Plan / 可持续社区计划

The Peabody Trust / 皮博迪信托公司
The UK Local Biodiversity Action Plan / 英国地方生物多样性行动计划
The Home Office/ 英国内政部

Wheelchair Housing Design Guide / 无障碍住宅设计指南
WWOOF / 有机农场志愿者

ZEDbook / 零能耗开发手册
ZED estimator / 零能耗开发评估器
ZEDinaBOX / 标准化零能耗设计（便于在乡村地区大面积推广）
ZEDproduct / 零能耗产品
ZED toolkit / 零能耗开发工具宝典
ZEDtools / 零能耗开发工具包
ZEDtowers / 零能耗塔楼

跋

春天的一个夜晚，一个来自伦敦南郊的电话使得我有幸能在此作跋。电话中Bill希望能够将零排放的建筑技术带到中国，并且为中国的大规模平民化经济适用房建设带来新的方法。令人吃惊的是Bill认为在不久的未来中国工作的重要性将远远超过他们在欧洲的工作。正是零能耗，平民化及对中国的关注，恰如其分地描述了这个建设了世界上第一个零能耗社区的建筑师毕生的追求。

历史上成功的建筑师无一不是因为规模宏大的厅堂楼阁或是因为富豪权贵的亭台水榭而为人所知。Bill Dunster先生则是以一栋伦敦远郊的经济适用房而广受人们的尊敬。作为最早通过零能耗实践应对气候变化和环境问题的工作使Bill被誉为"未来的建筑师"。更加难能可贵的是通过近年产业化的实践，Bill将一系列零排放的建筑构件批量化工业生产，已在平民可及的价格下达成零能耗的解决方案。

在中国的建筑环境中我们依然是刚起步的谦逊的学生。如何应对本土化不同的职业环境和气候条件我们还有一段路要走。但是我们衷心希望协同中国的建筑界同仁们一起致力于零能耗在中国的实践和工作，为实现中国的节能减排而共同奋斗。

本书的出版工作中感谢Sue Dunster女士，Asif Din先生，Mattew Hood先生，John Shakespear先生等的意见和支持，并感谢以下中国朋友的帮助：

朱发雨　王　莹　郭振伟　黄献明　管振忠　孟世荣　谭　波　黎哲宏
郭华栋　刘　刚　云　朋　周　斌　李建强　陆春晓　施丽川　鲍　睿
陈翠英　王　磊　张宝怀　薛　静　孙　鹏　沈宏明　柯海明　孙大明
韩卫萍　段锦如　田　峰　赖明华　吴洪亮　张雪梅　谢建宏　孙　斌
张志勇　黄俊鹏　陈　朋　陈　谦　李　栋　都　剑　赵　娜

陈硕
零能耗工厂　副合伙人　中国区